DIE HYDRIERUNG DER FETTE

EINE CHEMISCH-TECHNOLOGISCHE STUDIE

VON

Dr. H. SCHÖNFELD
BERLIN

MIT 36 ABBILDUNGEN

SPRINGER-VERLAG
BERLIN HEIDELBERG GMBH 1932

ISBN 978-3-662-27512-2   ISBN 978-3-662-28999-0 (eBook)
DOI 10.1007/978-3-662-28999-0

Vorwort.

Mit dieser Monographie wird nicht angestrebt, eine vollständige Übersicht über die Literatur und die sehr zahlreichen Verfahren zur Ölhärtung zu geben. Solche Übersichten sind mehrfach veröffentlicht worden, und eine lückenlose Schilderung der Literatur, insbesondere der Patentliteratur, über Ölhärtung bietet lange nicht mehr das gleiche Interesse wie etwa noch vor einem Jahrzehnt. Denn die in die Hunderte gehenden Patente sind bei ihrer technischen Prüfung, abgesehen von einigen Ausnahmen, durchgefallen. Sehr viele dieser Patente hielten auch der wissenschaftlichen Nachprüfung nicht stand. Häufig lagen den vorgeschlagenen Verfahren nicht wahre Erfindungen oder auch nur technische Verbesserungen zugrunde, sondern lediglich der Wunsch, sich durch ein selbständiges Patent von der grundlegenden Erfindung NORMANNS unabhängig zu machen und sich so die Möglichkeit zu verschaffen, Hartfette in eigener Regie zu fabrizieren.

Nach Ablauf des Schutzes des NORMANNschen Patents sind auch die meisten der später angemeldeten Verfahren in Vergessenheit geraten.

Die Fetthärtung ist aber bei ihrer ursprünglichen Aufgabe der Herstellung von festen Fetten aus flüssigen nicht stehengeblieben. Man ist jetzt bestrebt, auf dem Wege der Wasserstoffanlagerung nicht nur feste Fette zu erhalten, sondern auch solche von ganz bestimmten Eigenschaften; in den letzten Jahren ist eine große Reihe von Untersuchungen veröffentlicht worden, als deren Ziel man die Veredlung der Hartfette bezeichnen könnte.

Denn die synthetischen festen Fette sind mit den festen Naturfetten (Talg, Schmalz) nicht identisch und zeigen in mancher Hinsicht von diesen abweichende Eigenschaften. Das Bestreben der neueren Untersuchungen auf dem Ölhärtungsgebiete geht nun dahin, das Wesen dieser Unterschiede aufzuklären und zugleich nach neuen technologischen Verfahren zu suchen, welche gestatten würden, die gehärteten Fette in jeder Hinsicht den natürlichen festen Fetten anzugleichen.

Die Lösung dieser Aufgabe dürfte die letzte Etappe der Erforschung des Ölhärtungsprozesses darstellen. Vieles deutet darauf hin, daß die Verwirklichung dieses Zieles nicht mehr im Bereich des Unmöglichen liegt, und die Schilderung dieser Forschungen ist eine der Hauptaufgaben dieses Buches.

Die rasche und bedeutungsvolle Entwicklung der Hochdrucksynthesen und ihrer Technik hat das Gebiet der katalytischen Hydrierung der Fette ebenfalls befruchtet und diese vor eine neue Aufgabe gestellt, die aber nicht allein in der „Härtung", d. h. Umwandlung des flüssigen Öles in ein festes Fett besteht.

Während man noch vor kurzem der Überzeugung war, daß man durch Hydrierung ausschließlich die Äthylenbindungen der ungesättigten Öle absättigen könne, führte die Übertragung der Hochdruckmethoden auf das Fetthärtungsgebiet zu der Entdeckung, daß auch die Carboxylgruppen der Fettsäuren reduziert werden können und dabei sehr wertvolle neue technische Erzeugnisse erhalten werden.

Durch dieses neuerschlossene Gebiet, für welches nicht nur die Katalysatoren in Frage kommen wie für die Hydrierung der Äthylenbindung, ist das Interesse für gewisse katalytische Verfahren der Ölhärtung wiedererwacht, wie beispielsweise die Anwendung von Kupfer- und Kobaltkatalysatoren, die in der eigentlichen Härtungsindustrie als abgetan gelten. Deshalb kann die ursprüngliche Absicht, die „erledigten" Verfahren überhaupt nicht zu erwähnen, nicht mehr in vollem Umfange aufrechterhalten werden. Sowohl die Reduktion der Fette zu Alkoholen als auch die Fetthärtung als solche verwendet für gewisse Sonderzwecke besonders geartete, mitunter weniger hoch aktive Katalysatoren.

Da eine zusammenfassende Schilderung der Fetthydrierung von den erwähnten Gesichtspunkten aus noch nicht vorhanden ist, soll mit den nachfolgenden Seiten eine Lücke ausgefüllt und durch die Wiedergabe von Arbeiten, die häufig in schwer zugänglichen Journalen und zum Teil auch in wenig verbreiteten Sprachen veröffentlicht worden sind, vielleicht auch den auf diesem Gebiete tätigen Chemikern und Technikern ein bescheidener Dienst erwiesen werden.

Bei der Schilderung der praktischen Durchführung der Fetthärtung soll nur das berücksichtigt werden, was für die Praxis wirklich von Wert und Interesse ist, und im übrigen auf bereits vorhandene Bücher und sonstige Publikationen verwiesen werden. Auch hier sind auf der einen Seite größere Fortschritte erzielt, auf der anderen Seite zahlreiche überflüssige Vorschläge gemacht worden, deren Erwähnung oder gar Beschreibung als unnötig erscheint. Hoffentlich gelingt es, hier eine einigermaßen richtige Wahl zu treffen.

Berlin-Wilmersdorf, März 1932.   **H. SCHÖNFELD.**

Inhaltsverzeichnis.

Gehärtete und natürliche feste Fette.

Die Härtung (Hydrierung oder Hydrogenierung) der Fette wird als ein Prozeß bezeichnet, welcher in der Überführung der flüssigen Fette in solche höheren Schmelzpunktes auf dem Wege der katalytischen Wasserstoffanlagerung an die Äthylenbindungen der Fettsäuren oder deren Glyceride besteht.

Diese Definition ist heute nicht mehr ganz berechtigt. Denn neben der eigentlichen Reduktion der Doppelbindungen finden bei der Ölhärtung andere Reaktionen, insbesondere Isomerisationen statt, und nur in Gemeinschaft mit den Isomerisationsreaktionen entstehen die Produkte von ganz bestimmten Eigenschaften, die man als „Hartfette" bezeichnet.

Die beiden Hauptreaktionen der katalytischen Ölhärtung, Wasserstoffanlagerung und Isomerisation, spielen je nach der Art und je nach dem Grad der Härtung eine sehr verschiedene Rolle. Bald kann die eine, bald die andere Reaktion überwiegen. Nur in den restlos, auf die Jodzahl 0 gehärteten Fetten läßt sich ausschließlich das Resultat einer Reduktion nachweisen, da diese nur aus dem Produkt der Anlagerung von Wasserstoff an die Äthylenbindungen der Ölsäure, Linolsäure usw. unter Bildung von entsprechenden Mengen Stearinsäure oder Stearinsäureglycerid bestehen.

Die vollgesättigten Hartfette von sehr hohem Schmelzpunkt sind aber praktisch nur von untergeordneter Bedeutung. Die Hartfette des Handels stellen partiell hydrierte Fette dar, und diese sind ausnahmslos, wenigstens soweit sie nach den üblichen technischen Verfahren gewonnen worden sind, das Ergebnis der Einwirkung beider Teilreaktionen (Hydrierung und Isomerisation) auf das Öl.

Noch bis zum Jahre 1916, zu einem Zeitpunkte also, als die Industrie der Fetthärtung bereits hoch entwickelt war, war man der Überzeugung, daß diese ausschließlich durch Addition von Wasserstoff an die ungesättigten Komponenten der Öle zustande komme, ferner daß das Wasserstoffgas wahllos und mit gleicher Geschwindigkeit an die verschiedenen Doppelbindungen der mehr oder weniger hoch ungesättigten Fettsäuren angelagert werde.

Dieser Auffassung gemäß war auch das einzige analytische Kriterium eines Hartfettes seine Jodzahl und sein Schmelzpunkt. Erst gegen

1916 wurde festgestellt, daß die verschiedenen Komponenten der Öle mit verschiedener Geschwindigkeit reduziert werden, daß die höher ungesättigten Fettsäuren nicht unmittelbar zur Stearinsäure hydriert werden, sondern daß die Reduktion der Fettsäuren mit mehreren Doppelbindungen stufenweise verläuft, unter intermediärer Bildung von einfach ungesättigten Fettsäuren, teilweise unter recht komplizierten und noch nicht völlig aufgeklärten Isomerisationserscheinungen, wobei ein Gemisch von Elaidinsäure mit anderen festen Isomeren der gewöhnlichen Ölsäure entsteht; erst bei fortgesetzter Hydrierung wird dieses Ölsäuregemisch seinerseits zur Stearinsäure abgesättigt.

Dieser Befund hat sich dann als sehr wichtig für die Erforschung des Härtungsverlaufs und auch für die Entwicklung der Technologie der Ölhärtung gezeigt.

In einer großen Reihe von Untersuchungen ist dann nachgewiesen worden, daß die katalytische Hydrierung der Fette zu sehr verschiedenen Produkten führen kann, zu Produkten, deren technologischer Wert verschieden zu beurteilen ist. Es hat sich herausgestellt, daß je nach den äußeren Bedingungen der Hydrierung, der Temperatur, dem Druck, der Natur des Katalysators und seiner äußeren Beschaffenheit, ja sogar der Rührgeschwindigkeit, der Härtungsverlauf ein sehr verschiedener sein kann.

So kann man (aus demselben Rohmaterial) gehärtete Fette gleichen Schmelzpunktes herstellen, die chemisch verschieden zusammengesetzt und auch in gewissen physikalischen Eigenschaften verschieden sind[1]. Diese können, bei gleichem Schmelzpunkt, im wesentlichen aus Glyceriden der Stearinsäure neben größeren Mengen flüssiger Glyceride der Ölsäure, Linolsäure usw. bestehen, oder nur unwesentlich an Stearinsäure angereichert sein, dafür aber einen größeren Gehalt an isomeren festen Ölsäureglyceriden, und an flüssigen Bestandteilen nur oder vorwiegend das Glycerid der gewöhnlich $\varDelta_9$-Ölsäure enthalten. Es versteht sich von selbst, daß auch die chemischen Konstanten der beiden Hartfette voneinander abweichen werden.

Die Hauptmenge der gehärteten Fette wird in der Margarine- und Kunstspeisefettindustrie verbraucht, wo sie die Talgerzeugnisse (Jus, Oleo Oil) und das Schweinefett ersetzen.

Deshalb wäre es erstrebenswert, Hartfette herzustellen, welche nicht allein den gleichen Schmelzpunkt haben, sondern auch in der Zusammensetzung den festen Naturfetten nahestehen.

Allerdings muß Gleichheit der prozentualen Zusammensetzung an verschiedenen Fettsäuren nicht notgedrungen zur Gleichheit der physikalischen und sonstigen Eigenschaften führen.

---

[1] Alle diese Betrachtungen gelten für partiell hydrierte Fette.

Wie bekannt, bilden Premier Jus, Oleo und Lard auch heute noch die wertvollsten Rohmaterialien der Margarineindustrie, in welcher sie zur Fabrikation von Spitzenmarken verwendet werden. Schweinefett[1] enthält etwa 30% Palmitinsäure-, etwa 8% Stearinsäure- und 60% Ölsäureglycerid. Die Fettsäuren des Rindertalgs bestehen zu etwa gleichen Hälften aus Palmitin- und Stearinsäure, etwa 40% Ölsäure, geringen Mengen Linolsäure und ganz geringfügigen Mengen anderer Fettsäuren, die hier unerwähnt bleiben können. Ähnlich ist die prozentuale Zusammensetzung des Hammeltalgs, der ebenfalls über 25% Palmitinsäure enthält.

Die Hauptmenge dieser Fettsäuren liegt in den tierischen Fetten in Form gemischter Glyceride vor, als Palmitostearoolein, Oleodipalmitin usw., während einfache Glyceride, wie Tristearin, Tripalmitin usw., nur in geringen Mengen enthalten sind.

Maßgebend für die Eigenschaften, welche die tierischen Fette für die Margarineindustrie so wertvoll machen dürfte:

1. der relativ hohe Gehalt an Palmitinsäure und

2. die Verteilung der Fettsäuren auf das Glyceridmolekül, insbesondere die Tatsache, daß die Ölsäure usw. nicht als Triolein, sondern als gemischtes Glycerid vorliegt, sein.

Beides bedingt eine gewisse physikalische Homogenität der tierischen Fette, da einerseits der Gehalt an flüssigen Bestandteilen nicht sehr groß, andererseits der Gehalt an extrem hochschmelzenden Bestandteilen (Tristearin) ebenfalls unerheblich ist.

Ist es nun, rein theoretisch, möglich, aus flüssigen Fetten Produkte zu erhalten, welche dem Talg oder Schmalz analog zusammengesetzt sind?

Um diese sehr wichtige Frage beantworten zu können, müssen wir sehen, wie die Rohmaterialien der Ölhärtung, d. h. die flüssigen Fette, zusammengesetzt sind.

Die wichtigsten Rohstoffe der Ölhärtung sind Baumwollsaatöl, Erdnußöl, Sojaöl, Leinöl, Waltran und Fischöle.

Baumwollsamenöl enthält etwa 20% Palmitinsäureglycerid und besteht im übrigen, abgesehen von geringen Mengen Stearinsäure usw. aus Glyceriden der Öl- und Linolsäure.

Im Erdnußöl sind, neben kleinen Mengen von Säuren, die in diesem Zusammenhange nicht interessieren, durchschnittlich etwa 17% Palmitinsäure, 50—80% Ölsäure und wechselnde (7—26%) Mengen Linolsäure enthalten. Sojaöl ist viel ärmer an Palmitinsäure (2,4—6,8%); es enthält etwa 85% Öl- und Linolsäureglycerid.

Leinöl ist sehr arm an gesättigten Glyceriden, von denen es zusammen (Stearin- und Palmitinsäure) nur 5—10% enthält. Es besteht im wesent-

---

[1] Grün-Halden: Analyse der Fette 2. Berlin: Julius Springer 1929.

lichen aus Glyceriden der ungesättigten Fettsäuren der C_{18}-Reihe (Öl-, Linol- und Linolensäure mit 1, 2 und 3 Doppelbindungen).

Auch Sonnenblumenöl enthält nur wenig Palmitinsäure (3—5%). Die flüssigen Säuren bestehen, wie bei der Mehrzahl der Öle, aus Öl- und Linolsäure.

Sojabohnenöl enthält neben 2,4—6,8% Palmitin-, 4,4—7,3% Stearinsäureglycerid, 32,5—35,6% Ölsäure-, 51,5—57% Linolsäureglycerid und geringe Mengen Linolensäureglycerid[1].

Wir sehen also, daß die zur Hartfettfabrikation verwendeten Samenöle vorwiegend aus ungesättigten C_{18}-Säuren bestehen, welche bei der Härtung, falls diese nur durch Wasserstoffanlagerung zustande käme, ausschließlich in das hoch schmelzende Glycerid der Stearinsäure umgewandelt werden können und daß sie relativ arm sind an Säuren der C_{16}-Reihe.

Die Seetier- und Fischöle, das zweite wichtige Rohmaterial der Ölhärtung, zeigen eine von den Pflanzenölen sehr stark abweichende Zusammensetzung[2].

Die etwa 17% ausmachenden festen Fettsäuren des Waltrans bestehen zu zwei Dritteln aus Palmitinsäure, die flüssigen Anteile stellen ein Gemisch ungesättigter Fettsäuren der C_{14}- bis C_{22}-Reihe dar; unter diesen überwiegt die Ölsäure mit ca. 30%; es folgt Hexadecensäure mit 10—17%, Jecorinsäure, Gadoleinsäure und die hoch ungesättigte Clupanodonsäure. An letzterer ist Sardinenöl noch wesentlich reicher.

Aus diesen kurzen Angaben folgt zunächst, daß kein einziges Pflanzenfett so reich an Palmitinsäure ist, um durch unvollständige Hydrierung in ein Produkt ähnlicher Zusammensetzung umgewandelt werden zu können wie Schweineschmalz u. dgl. Am leichtesten ließe sich das noch vielleicht mit Cottonöl oder Erdnußöl durchführen.

Vielleicht ist es gerade auf den höheren Palmitinsäuregehalt dieser beiden Öle zurückzuführen, daß sie scheinbar die geeignetsten Rohstoffe für die Umwandlung in schmalzartige Kunstspeisefette sind. So gewinnt man aus Cottonöl durch partielle Hydrierung unmittelbar ein als Schmalzersatz sehr beliebtes Erzeugnis, und in Deutschland wiederum werden große Mengen gehärteten Erdnußöles als Kunstspeisefett vertrieben.

Aus den anderen Pflanzenölen läßt sich auch rein theoretisch kein den tierischen Fetten analog zusammengesetztes Produkt gewinnen, denn sie bestehen zum überwiegenden Teil aus C_{18}-Säuren.

Dagegen sind die Fettsäuren der Seetieröle so grundverschieden, sowohl von denjenigen der Pflanzenöle als auch von den Säuren der

---

[1] S. auch KAUFMANN, Allg. Öl- u. Fett-Ztg. **27**, (1930), 325.
[2] Die Zahlen sind sämtlich dem Buch von GRÜN-HALDEN (loc. cit.) entnommen.

tierischen Fette, daß von einer analogen Zusammensetzung ihrer Hydrierungsprodukte und der tierischen Fette keine Rede sein kann.

Hierzu gesellt sich noch folgende Schwierigkeit: Samenfette zeigen eine gleichmäßige, tierische Fette dagegen eine ungleichmäßige Verteilung der Fettsäuren im Glyceridmolekül[1]. Dieses Hindernis für den Ausgleich der Glyceridstruktur der beiden Fettgattungen ist natürlich unüberwindlich.

Am auffälligsten zeigt sich der Unterschied der Hartfette und der tierischen Fette gleichen Schmelzpunktes bei der Untersuchung der festen Fettsäuren. Zur Trennung der festen und flüssigen Fettsäuren eines Fettes bedient man sich der sog. TWITCHELL-Methode, beruhend auf der Unlöslichkeit der Bleisalze der festen Fettsäuren in Alkohol. Nach der Vorschrift der „Einheitsmethoden" der Wizöff[2] wird die Trennung folgendermaßen ausgeführt:

2—3 g des Fettsäuregemisches werden in heißem Alkohol gelöst und mit einer heißen Lösung von etwa 1,5 g Bleiacetat in Alkohol versetzt. Das Gemisch, dessen Volumen etwa 100 ccm betragen soll, wird langsam abgekühlt und über Nacht stehengelassen. Der Niederschlag wird abgesaugt und mit kaltem Alkohol ausgewaschen, bis das Filtrat klar abläuft. Man spült ihn dann mit Alkohol in ein Becherglas, setzt 0,5 ccm Eisessig hinzu, erhitzt zum Sieden und läßt auf 15° abkühlen. Die wie oben abfiltrierten und gewaschenen Fettsäuren werden in das Becherglas zurückgebracht und mit Äther vom Filter abgespült. Aus den Bleiseifen werden die festen Fettsäuren mit verdünnter Salpetersäure abgeschieden und als Ätherextrakt in bekannter Weise gewonnen und gewogen.

Die Jodzahl der abgeschiedenen festen Fettsäuren liegt bei natürlichen Fetten meistens zwischen 1 und 2, bei Talg bis 5 hinauf, dagegen bei gehärteten Fetten von schmalz- bis talgartiger Konsistenz in der Regel um 20 herum, jedoch auch bis 50 und sogar bis 90, d. h. die Jodzahl der festen Fettsäuren aus gehärteten Fetten entspricht mitunter der der reinen Ölsäure.

Man nennt die festen ungesättigten Säuren der Hartfette „Isoölsäuren"; sie sind ein Gemisch von Elaidinsäure mit Ölsäuren, welche die Doppelbindung an einer anderen Stelle haben als die gewöhnliche Ölsäure. Der Ausdruck „Isoölsäure" ist daher etwas unglücklich gewählt. Es wäre vielleicht richtiger, sie als „isomere Ölsäuren" zu bezeichnen.

Werden die Hartfette von der Konsistenz etwa des Schweinefettes durch Reduktion von Tranen gewonnen, so können sie noch beträchtliche Mengen höher als Ölsäure ungesättigter Fettsäureglyceride enthalten.

Die Anwesenheit solcher Fettsäuren in partiell hydrierten Fetten ist bei ihrer Anwendung für die Speisefett- und Seifenindustrie sehr wenig

---

[1] Nach den bekannten Untersuchungen von HILDITCH.
[2] Einheitl. Untersuchungsmethoden für die Fett- u. Wachsindustrie. I. u. II. Teil. Stuttgart 1930.

erwünscht. Auch die Gegenwart eines abnorm hohen Stearinsäuregehalts ist unvorteilhaft, und zwar ebenfalls für die beiden Hauptanwendungsgebiete.

Linolsäure beeinträchtigt die Haltbarkeit und Qualität der Seife infolge ihrer leichten Oxydationsfähigkeit; aus dem gleichen Grunde stört diese Säure, wenn sie in der Margarine enthalten ist, und stärker linolsäurehaltige Fette, selbst gutschmeckende wie Sonnenblumenöl, sind in der Margarineindustrie nicht begehrt.

Stearinsäure ist seifensiederisch weniger wertvoll als Palmitinsäure, ihr Glycerid beeinträchtigt infolge seines hohen Schmelzpunktes die Bekömmlichkeit und Homogenität von Margarine.

Die Isoölsäuren sind ein Gemisch von Elaidinsäure mit Octadecensäuren, welche bei etwa $40-50°$ schmelzen; ihre Glyceride dürften deshalb einen tieferen Schmelzpunkt haben als Tristearin. Ein größerer Gehalt an Isoölsäure könnte deshalb wünschenswert sein, da ein an Isoölsäure reicheres Hartfett homogener sein wird als ein solches gleichen Schmelzpunktes, das weniger Isoölsäure, dafür aber mehr Stearinsäure und flüssige Fettsäuren enthält. Ferner soll ein solches an Isooleinen angereichertes Fett ein gesteigertes Wasserbindungsvermögen besitzen und sich folglich leichter zu Margarine emulgieren lassen. Wie sich die Isoölsäuren bei der Seifenfabrikation verhalten, ob sie der Stearinsäure hinsichtlich der Waschkraft ihrer Seifen überlegen oder unterlegen sind, ist nicht mit Sicherheit bekannt, da die Isoölsäuren noch nicht in reinem Zustande aus Hartfetten isoliert werden konnten, wenn es auch in einigen Fällen gelungen ist, fast reine Isoölsäurefraktionen, mit einer der Ölsäure entsprechenden Jodzahl, zu isolieren.

Zusammenfassend können wir folgendes feststellen: Es ist möglich, durch katalytische Hydrierung feste Fette herzustellen, welche den gleichen Schmelzpunkt haben wie die natürlichen tierischen Fette. Die synthetischen Fette sind in vielfacher Hinsicht ein brauchbarer und wertvoller Ersatz für die Naturfette, aber identisch sind sie mit diesen nicht. Sie unterscheiden sich von den tierischen Fetten gleichen Schmelzpunktes sowohl durch die Natur ihrer Fettsäuren als auch durch das Verhältnis von gesättigten zu ungesättigten Glyceriden. Die Hartfette enthalten größere Mengen ungesättigter Fettsäuren, der feste Fettanteil ist ganz anders zusammengesetzt, er besteht im wesentlichen aus Stearin- und Isoölsäure, während die festen Fettsäuren der Tierfette Gemische von Palmitin- und Stearinsäure sind.

Man könnte die physikalischen Verschiedenheiten von gehärtetem und tierischem Fett mit denen schlecht und gut fraktionierter Paraffine in Analogie bringen. Gut fraktioniertes Paraffin enthält nur wenig flüssige Kohlenwasserstoffe, es ist physikalisch homogen, zum Unterschied zu einem minderwertigen, schlecht fraktionierten Paraffin gleichen

Schmelzpunktes, das neben hochschmelzenden Paraffinanteilen noch einen größeren Betrag an flüssigen Paraffinen enthält.

Tatsächlich hat NORMANN beobachtet, daß sich ein Hartfett von der Konsistenz des Schmalzes bei der Schmelzpunktbestimmung abweichend von echtem Schmalz verhält. Ersteres enthält noch feste Anteile, während die Hauptmasse bereits voll geschmolzen ist, ein Beweis, daß neben flüssigen Anteilen größere Mengen hochschmelzender Bestandteile enthalten sind. Er hat aus diesem Grunde vorgeschlagen, die Hartfette nicht nach ihrem Schmelzpunkt, sondern nach dem Erstarrungspunkt zu bewerten.

v. PILAT[1] hat beobachtet, daß gut fraktioniertes Paraffin eine geringere Differenz zwischen Erweichungs- und Stockpunkt zeigt als schlecht fraktioniertes, und hat darauf ein analytisches Verfahren zur Bestimmung der Paraffinqualität ausgearbeitet. Die Analogie mit dem von NORMANN beobachteten Verhalten der Hartfette bei der Schmelzpunktsbestimmung ist unverkennbar. Möglicherweise würden sich bei Übertragung der v. PILATschen Methode auf verschiedene Hartfettsorten ähnliche Unterschiede feststellen lassen.

Die Untersuchungen der letzten Jahre haben gezeigt, daß man durch Abänderung der Bedingungen der Hydrierung zu verschiedenen Hartfettsorten gelangen kann. Den größten Einfluß hat die Temperatur und die Natur des Katalysators, aber auch der Druck usw. Durch Wahl passender Reaktionsbedingungen ist es möglich, die Hydrierung entweder vorwiegend in der Richtung der Isoölsäurebildung oder aber auch dahin zu richten, daß eine weniger selektive Absättigung der Lückenbindungen, unter Bildung größerer Mengen von Stearinsäure erfolgt.

Vielleicht ebenso bedeutungsvoll wie die Herstellung von festen Fetten aus flüssigen wäre ein anderes Ziel, das auf dem Wege der Hydrierung theoretisch zu erreichen ist: Gemeint ist die Absättigung höher ungesättigter Fettsäuren zur einfach ungesättigten gewöhnlichen $\varDelta_9$-Ölsäure.

Die Alkalisalze der Ölsäure sind die idealsten Seifen. Sie zeigen das Optimum an Schaumvermögen, Waschkraft usw. Deshalb wäre z. B. die partielle Hydrierung des Leinöles zum Triolein eine technologisch zumindest ebenso wichtige Aufgabe wie die weitere Hydrierung zu festem Fett. Auch für die Margarineindustrie wäre dies von allergrößter Bedeutung, da auch hier hoch ungesättigte Öle keine Verwendung finden können.

Dieses Ziel erscheint heute nicht mehr unerreichbar, nachdem aufgedeckt worden ist, daß die Hydrierung ausgesprochen selektiv ver-

---

[1] Allg. Öl- u. Fett-Ztg. **1931**, 261.

läuft, d. h. daß die höher ungesättigten Fettkomponenten schneller reduziert werden und daß ihre Hydrierung stufenweise vor sich geht, d. h. Linolsäure wird schneller zur Ölsäure als diese zur Stearinsäure reduziert. Ferner ist nachgewiesen worden, daß man diesen Vorgang der selektiven Hydrierung nach beiden Richtungen hin durch die äußeren Reaktionsbedingungen abändern kann.

Über die interessanten Untersuchungsergebnisse, die man auf diesem Gebiete erzielt hat, wird in den späteren Abschnitten berichtet werden.

Die nichtkatalytischen und halbkatalytischen Ölhärtungsverfahren.

Das Problem der Reduktion der ungesättigten Öle oder richtiger der ungesättigten Fettsäuren ist beinahe ebenso alt wie die Stearinkerzenfabrikation; ihren Anfang nahm sie im Jahre 1875, als es GOLDSCHMIDT[1] gelang, Ölsäure mit Jodwasserstoff und amorphem Phosphor bei 200° zu Stearinsäure zu reduzieren. Man befaßte sich früher ausschließlich mit der Reduktion der Ölsäure, einem damals lästigen Nebenprodukt der Stearingewinnung.

Es wurde vorgeschlagen, die bekannte Elaidinreaktion mit salpetriger Säure oder Salpetersäure technisch zu verwerten, ebenso die Reaktion von VARRENTRAPP (Umwandlung von Ölsäure in Palmitinsäure).

Die Frage der Ölsäurehärtung hat heute nicht mehr technische Bedeutung, da diese sich zu einem äußerst wertvollen Hilfsmaterial der Textilindustrie entwickelt hat; auch hat der Bedarf an Stearinsäure infolge des Rückganges der Kerzenbeleuchtung stark abgenommen. Eher käme dem umgekehrten Vorgang, der Dehydrierung der Stearinsäure zu Ölsäure, größere praktische Bedeutung zu.

Mit der rapiden Entwicklung der Kunstbutterindustrie steigerte sich aber dauernd der Bedarf an festen neutralen Fetten. Während ursprünglich für die Margarine- und Kunstspeisefettfabrikation als feste Komponenten ausschließlich tierische Fette in Betracht kamen, reichte bald der auf dem Markte faßbare Bestand an diesen Fetten nicht aus. Später ging man dazu über, das tierische Fett durch feste Pflanzenfette, insbesondere Cocos- und Palmkernfett, zu ersetzen. Mit Cocosfett allein kann man aber eine gute Margarine nicht herstellen; auch ist sein Schmelzpunkt zu niedrig. Das Cocosfett wurde deshalb in Kombination mit tierischem Fett (und Öl) verkirnt. Der Bedarf nahm aber dauernd zu, und dementsprechend gingen auch die Preise für tierische Fette

---

[1] Sitzgsber. Akad. Wiss. Wien, Math.-naturwiss. Kl. **72**, 366.

derartig in die Höhe, daß die Margarine- und Speisefettindustrie in ihrer Wettbewerbsfähigkeit ernstlich bedroht wurde. (Neuerdings spielt auch das feste Palmöl in der Margarineindustrie eine gewisse Rolle, namentlich nachdem man gelernt hat, dieses Fett mit wesentlich geringerer Acidität zu gewinnen, als es früher der Fall war).

Während die tierischen Fette immer knapper und teurer wurden, stieg auf der anderen Seite die Produktionsmöglichkeit der Mühlen für Saatöle ins unbegrenzte; auch die Bestände an Seetierölen steigerten sich von Jahr zu Jahr, ohne natürlich an die Verwendung der letzteren für die Ernährung denken zu können. Dieser Zustand führte zu einer immer größer werdenden Preisspannung zwischen flüssigen und festen Fetten.

Die festen Fette unterscheiden sich von den flüssigen durch einen Mehrgehalt an Wasserstoff; für die Überführung von Ölsäure in Stearinsäure genügt theoretisch die Addition von weniger als 1% Wasserstoffgas. Durch Anlagerung eines Bruchteiles dieser Wasserstoffmenge ist es möglich, flüssige Fette in feste umzuwandeln.

Das Problem der Beschaffung fester Rohstoffe für die Kunstbutterindustrie konnte also am einfachsten auf dem Wege der Wasserstoffaddition an flüssige ungesättigte Fette gelöst werden. Alle modernen Bestrebungen der Fetthärtung haben die Durchführung dieser Wasserstoffanlagerung auf katalytischem Wege zum Ziele.

Die ersten halbkatalytischen Verfahren stammen aus dem Ende des vorigen Jahrhunderts.

Es wurde zuerst versucht, den Wasserstoff elektrolytisch an Ölsäure anzulagern[1].

Nach MAGNIER[2] wird die mit Schwefelsäure angesäuerte Lösung der Ölsäure der Wirkung des elektrischen Stromes unter Druck ausgesetzt und durch den elektrolytisch gebildeten Wasserstoff reduziert.

DE HEMPTINNE[3] gelang die Addition von Wasserstoff an Ölsäure unter der Wirkung elektrischer Glimmentladungen zwischen Nickelelektroden, also nach dem Prinzip des von dem gleichen Erfinder begründeten Voltol-Verfahrens. Das Öl wird durch eine besondere Vorrichtung über eine Reihe von abwechselnd eingebauten Glas- und je zwei Metallplatten, die an die beiden Pole angeschlossen sind, verteilt; gleichzeitig wird Wasserstoff eingeleitet. Dabei verwandelt sich ein Teil der Ölsäure in Stearinsäure. Es gelingt jedoch nach diesem Verfahren, nur etwa 20% der Ölsäure zu reduzieren; wird die partiell hydrierte Säure nochmals durch den Apparat geschickt, so ist die Reak-

---

[1] WEINECK: Österr. P. 10400 (1886).
[2] DRP. 126446.
[3] Amer. P. 797112 (1905) — DRP. 167107, 166866, 169410.

tionsgeschwindigkeit bereits erheblich gesunken. Die gebildete Stearinsäure muß deshalb nach jedesmaligem Durchgang durch den Apparat von der Ölsäure abgepreßt werden. Ferner beschränkt sich die Reaktion nicht auf die Hydrierung, sondern ein großer Teil der flüssigen Säure wird unter dem Einfluß der Entladung zu höher viscosen Produkten polymerisiert.

Verbessert wurde das Verfahren DE HEMPTINNES von der Firma Boehringer Söhne[1]. Diese beschreiben auch erstmalig die Hydrierung von neutralen Fetten. Sie verwenden als Elektroden Metalle, die mit einer schwammigen Schicht des gleichen Metalles überzogen sind, so z. B. platiniertes Platin oder palladiniertes Palladium. Die Hydrierungen werden an alkoholischen Fettlösungen vorgenommen.

Neuerdings hat IWAMOTO[2] die Wirkung der stillen elektrischen Entladung auf Ölsäure in einer Wasserstoffatmosphäre bei einer Temperatur von 40—42° in Gegenwart von verschiedenen Katalysatoren untersucht. Während in Abwesenheit der Katalysatoren weitgehende Polymerisation stattfindet, so daß z. B. ein Produkt der Jodzahl 51,4 nur 17,9% Stearinsäure enthielt, verläuft die Reaktion in Gegenwart von Katalysatoren hauptsächlich in der Richtung der Hydrierung, bei gleichzeitiger Zurückdrängung der Polymerisation, welche bei Anwendung bestimmter Kontakte kaum in Erscheinung tritt. So hatte ein in Gegenwart von 5% Palladium behandeltes Produkt der Jodzahl 46,48 einen Stearinsäuregehalt von 48,38%, was beinahe der theoretischen Menge entspricht. Ähnlich verlief ein Versuch mit Platin, während Nickel, in gleicher Weise angewandt, die Hydrierung kaum zu beeinflussen vermochte.

Daß diese Verfahren für die Praxis ungeeignet sind, bedarf keiner näheren Erläuterung.

Gewinnung von Nickelkatalysatoren für die katalytische Ölhärtung.

Für die katalytische Ölhärtung ist eine große Reihe von metallischen Kontaktstoffen vorgeschlagen worden. Sie umfassen sowohl die Edelmetalle wie die Nichtedelmetalle. Erstere besitzen zwar eine sehr hohe katalytische Aktivität, sind aber für die Praxis zu kostspielig. Von den Nichtedelmetallen hat sich als Kontaktsubstanz ausschließlich fein verteiltes Nickel bewährt. Es wird deshalb die Beschreibung der Fetthärtungskatalysatoren vorwiegend auf Nickel beschränkt und andere Kontakte nur insoweit erwähnt, als sie für die Erforschung der Nickelkatalyse von Bedeutung sind oder waren.

---

[1] DRP. 187788, 189332.
[2] Journ. Soc. chem. Ind. Jap. **1931**, 247 B.

1. Verfahren von Sabatier.

Entscheidend für die Entstehung und Entwicklung der Fetthärtungs-
industrie waren die Forschungen von Sabatier, Senderens und ihren
Mitarbeitern[1]. Diese fanden, daß man Äthylenbindungen organischer
Verbindungen glatt reduzieren kann, wenn man ihre Dämpfe im Gemisch mit Wasserstoff über fein verteiltes Nickel leitet. Auch Ölsäure
läßt sich auf diesem Wege, d. h. beim Überleiten eines Gemisches von
Ölsäuredampf mit Wasserstoff über Nickel zu Stearinsäure hydrieren
(zuerst von Normann festgestellt[2]).

Mit dieser Beobachtung war die Frage der katalytischen Hydrierung
von ungesättigten Fettsäuren teilweise gelöst, nicht aber die der Reduktion von neutralen Fetten. Denn letztere lassen sich nicht ohne Zersetzung destillieren und in Dampf verwandeln. Das Verfahren von
Sabatier ist also für die Hydrierung von Fettsäureglyceriden nicht
brauchbar.

2. Das Normannsche Verfahren.

Der letzte und entscheidende Schritt wurde von Normann getan.
Die Normannsche Erfindung überrascht durch ihre außerordentliche
Einfachheit.

Normann hat versucht, das von Sabatier mit so großem Erfolg in
der Dampfphase ausgeübte Verfahren auf die flüssige Phase zu übertragen und an Stelle des stationären grobkörnigen Katalysators einen
pulvrigen Kontakt ganz ähnlicher oder gleicher Zusammensetzung anzuwenden. Es gelang ihm der Nachweis, daß man die Äthylenbindungen
ungesättigter Fettsäuren und ihrer Ester mit größter Leichtigkeit absättigen kann, wenn man diese Stoffe weit unterhalb ihres Siedepunktes,
also in flüssigem Zustande, mit fein verteiltem Nickel vermischt und
das Gemisch der Einwirkung von Wasserstoffgas unterwirft.

Diese im Jahre 1901 gemachte Erfindung stellt noch heute das Stan-
dardverfahren der Ölhärtung dar; seiner großen Bedeutung wegen soll
der Wortlaut des Patents hier im wesentlichen wiedergegeben werden[3].

„Verfahren zur Umwandlung ungesättigter Fettsäuren und deren
Glyceride in gesättigte Verbindungen. Schon früher ist die Fähigkeit des
fein verteilten Platins erkannt worden, in ähnlicher Weise wie für den Sauerstoff
auch für den Wasserstoff katalytisch zu wirken. So beobachtete im Jahre 1874
Wilde in Gegenwart von Platinschwarz die Reaktion $C_2H_4 + 2\,H_2 = C_2H_6$ (Äthan)

$$C_2H_4 + H_2 = C_2H_6 \; .$$

Ferner Dehns:

$$HCN + 2\,H_2 = CH_3NH_2 \; .$$

---

[1] Chem. Zentralblatt **1897 I**, 801, **II**, 257; **1899 I**, 1270; **1900 II**, 167 usw. —
Ann. Chim. Phys. **16**, 70 (1909).
[2] Vgl. auch DRP. 139457 (1901).   [3] DRP. 139457.

Neuerdings haben SABATIER und SENDERENS gefunden, daß auch anderen fein verteilten Metallen eine ähnliche katalytische Eigenschaft dem Wasserstoff gegenüber zukommt, nämlich dem Eisen, Kobalt, Kupfer und namentlich dem Nickel. Beim Überleiten von Acetylen, Äthylen, Benzoldampf usw. in Mischung mit Wasserstoff über eines der genannten frisch im Wasserstoffstrom reduzierten Metalle erhielten die genannten Forscher aus den ungesättigten Kohlenwasserstoffen gesättigte, zum Teil unter Eintritt von Kondensationen.

... Wie die Erfinder nun gefunden haben, ist es mit Hilfe dieser Kontaktmethode auch leicht, ungesättigte Fettsäuren in gesättigte überzuführen. Man kann zu diesem Zweck, analog dem Schwefelsäureprozeß, so verfahren, daß man die Fettsäuredämpfe mit Wasserstoff über das Kontaktmetall leitet, welches letzteres zweckmäßig auf einem geeigneten Träger, z. B. Bimsstein, verteilt ist. Es genügt aber auch, das Fett oder die Fettsäuren in flüssigem Zustande der Einwirkung des Wasserstoffs und der Kontaktmasse auszusetzen. Gibt man z. B. feines Nickelpulver, durch Reduktion im Wasserstoffstrome erhalten, zu chemisch reiner Ölsäure, erwärmt im Ölbad und leitet einen kräftigen Strom von Wasserstoff längere Zeit hindurch, so wird die Ölsäure bei genügend langer Einwirkung in Stearinsäure übergeführt. Die Menge des zugesetzten Nickels und die Höhe der Temperatur sind unwesentlich und beeinflussen höchstens die Dauer des Prozesses. Die Reaktion verläuft, abgesehen von der Bildung geringer Mengen Nickelseife, die sich mit verdünnten Mineralsäuren leicht zerlegen läßt, ohne Nebenreaktionen. Dasselbe Nickel kann wiederholt gebraucht werden. Wie die reine Ölsäure verhalten sich auch technisch gewonnene Fettsäuren.

... Ebenso wie die freien Fettsäuren verhalten sich auch deren in der Natur vorkommende Glyceride, die Fette und Öle.

Aus Olivenöl entsteht nach dem beschriebenen Verfahren eine harte talgartige Masse, ebenso aus Leinöl und Tran. Es lassen sich also auf dem beschriebenen Wege alle Arten von ungesättigten Fettsäuren und deren Glyceride leicht hydrieren. Es ist nicht erforderlich, zur Reduktion reinen Wasserstoff zu verwenden, sondern es können auch technische Wasserstoff enthaltende Gase, wie z. B. Wassergas, zur Anwendung gelangen.

Patentanspruch: Verfahren zur Umwandlung ungesättigter Fettsäuren oder deren Glyceride in gesättigte Verbindungen, gekennzeichnet durch die Behandlung der genannten Fettkörper mit Wasserstoff bei Gegenwart eines als Kontaktsubstanz wirkenden fein verteilten Metalles.''

Bis zur Einführung dieses Verfahrens in die Technik vergingen einige Jahre, da noch gewisse Schwierigkeiten zu überwinden waren. Erstens war die Frage der Beschaffung von festen Fetten auf synthetischem Wege zur Zeit der Erfindung noch nicht sehr akut; zweitens waren verschiedene Fragen der Apparatur zu lösen. Ferner war die Technik der Gewinnung großer Mengen Wasserstoff von hohem Reinheitsgrade zu wirtschaftlichen Preisen zu jener Zeit noch nicht auf der erforderlichen Höhe. Schließlich war zur Zeit der Veröffentlichung der NORMANNschen Erfindung die Preisspanne zwischen flüssigen und festen Fetten noch nicht groß genug, um die Härtung unter den zu jener Zeit möglichen Bedingungen als besonders lohnend erscheinen zu lassen.

Im Jahre 1906 wurde die erste Ölhärtungsanlage, nach zahlreichen äußerst kostspieligen Vorversuchen, in Warrington von der Firma

Crosfield & Sons errichtet. Sehr bald folgten Hydrierungsanlagen in Rußland, Deutschland und anderen Ländern. An der Entstehung der russischen Anlage hat NORMANN lebhaften geistigen Anteil genommen; die Inbetriebsetzung dieser Anlage ist ein Werk des bekannten Ölfachmannes WILBUSCHEWITSCH, der sich einige bekannte Verfahren zur Ölhärtung schützen ließ. Es folgte eine Großanlage in Emmerich, welche längere Zeit unter der Leitung des Erfinders gestanden hat, usw.

Nach dem Wortlaut der NORMANNschen Patentbeschreibung könnte man annehmen, daß er für die Hydrierung flüssiger Öle Reinmetalle anwendet, während er für die Reduktion dampfförmiger Ölsäure einen auf Trägern niedergeschlagenen Nickelkontakt vorzieht. In Wirklichkeit hat NORMANN von Anfang an auf Trägern verteiltes Nickel verwendet, und wenn er dies in seinem Patent nicht mit genügender Klarheit unterstreicht, so dürfte das jedenfalls darin begründet sein, daß er in der Verteilung von Kontaktmetallen auf indifferenten Trägern keinen erfinderischen Gedanken gesehen hat, da diese Maßnahme alt ist und, wie NORMANN in seinem Patent nebenbei erwähnt, schon im Jahre 1878 von WINKLER für die Kontaktschwefelsäurefabrikation vorgeschlagen worden ist. Diese Unterlassung und andererseits die nicht abzuleugnende Tatsache, daß auf Trägern verteiltes Nickel erheblich aktiver ist als das reine Metall, war die Ursache, daß später sowohl KAYSER[1] als auch WILBUSCHEWITSCH[2] Patentschutz für die Herstellung von auf indifferenten Trägern verteilten Nickelkatalysatoren erhalten konnten.

3. Der Katalysator von WILBUSCHEWITSCH.

WILBUSCHWITSCH ließ sich ein Verfahren zur Herstellung eines pyrophoren Katalysators schützen, welches darin besteht, daß Kieselgur mit einer Nickellösung getränkt, das Nickel durch Sodalösung oder Alkalilauge niedergeschlagen, das erhaltene Gemisch von Kieselgur und Nickelcarbonat oder Nickelhydroxyd geglüht und mit Wasserstoff reduziert wird. Die pyrophore Kontaktmasse wird, ohne mit Luft in Berührung zu kommen, mit Öl zu einer feinen Suspension angerieben. Das Verfahren wurde in Deutschland von den Bremen-Besigheimer Ölfabriken, in Österreich von Georg Schicht und von einer großen Anzahl weiterer Ölhärtungsanlagen übernommen.

Das Verfahren von KAYSER ist der geschilderten Arbeitsweise von WILBUSCHEWITSCH sehr ähnlich.

Metallisches, auf Kieselgur verteiltes Nickel ist der wichtigste Ölhärtungskatalysator und der einzige, soweit es sich um das sog. „trockene‟

---

[1] Amer. P. 1004034 (1908); 1008474 (1911).
[2] DRP. 286789 (1910).

Katalysatorherstellungsverfahren handelt, bei welchem das Nickeloxyd usw. für sich allein und nicht mit Öl u. dgl. suspendiert, mit Wasserstoff reduziert wird. Auf gleichem Wege, aber in Abwesenheit des Trägers reduziertes Nickelpulver ist viel weniger aktiv und findet in der Ölhärtung keine Anwendung.

Die Wirkung des indifferenten Verteilungsmittels auf das reduzierte Nickel ist derartig groß, daß sogar ein nur teilweise reduziertes Nickeloxyd aktiver ist als vollständig reduziertes, obwohl letzteres natürlich einen größeren Gehalt an eigentlicher Kontaktsubstanz enthält.

Die Darstellungsweise des Nickel-Kieselgur-Katalysators nach NORMANN und nach WILBUSCHEWITSCH ist nicht ganz identisch[1].

In den Ölwerken Germania wird der Katalysator nach NORMANN in folgender Weise hergestellt:

„Eine abgewogene Menge Kieselgur wird mit Wasser zu einem dünnen Brei verrührt, Nickelsulfat zugesetzt, etwas angewärmt und umgerührt, um das Sulfat in Wasser aufzulösen. Danach wird die berechnete Menge Soda trocken in Pulverform oder auch in konzentrierter Lösung zugegeben, gut vermischt und aufgekocht. Beim Aufkochen schäumt die Masse sehr stark infolge des Entweichens von Kohlensäure. Das Kochen hat jedoch weniger den Zweck, die Kohlensäure auszutreiben, als vielmehr Nickelhydroxyd, welches sich kolloidal löst, vollständig auszufällen. Es wird dann mit heißem Wasser sorgfältig ausgewaschen, und zwar so lange, bis das Waschwasser keine Sulfatreaktion mehr gibt. Schließlich wird der Katalysator getrocknet (nicht geglüht) und im Wasserstoffstrom bei 450—550° in einem Röstofen mit Rührwerk reduziert und im Wasserstoffstrom erkalten gelassen, wonach der Katalysator gebrauchsfertig ist.

Der Katalysator ist ein dunkelbraunes lockeres Pulver, das in dicht verschlossenen Flaschen unter Kohlensäure aufbewahrt wird. Er enthält 15% Nickel und etwa 85% Kieselgur, d. h. ein Teil Nickel auf fast 6 Teile Kieselgur.“

Nach dem Österr. Patent 66490 (Georg Schicht) gestaltet sich die Herstellung des Katalysators nach WILBUSCHEWITSCH wie folgt:

„Als Kontaktmassen werden zweckmäßig Präparate benutzt, welche in der Weise hergestellt sind, daß man eine beliebige Kontaktsubstanz auf Kieselgur oder anderen Stoffen von feinpulveriger Beschaffenheit niederschlägt, wobei die Feinheit der Verteilung soweit getrieben werden kann, daß der Katalysator pyrophor, d. h. an der Luft selbstentzündlich ist.

... Um die Katalysatorpräparate haltbar zu machen, werden dieselben nach der Reduktion unter Vermeidung von Luftzutritt mit Öl zu einer Suspension oder Paste angerieben.

Beispielsweise wird der Katalysator in folgender Weise hergestellt: Eine beliebige Kontaktsubstanz wie Kupfer, Eisen, Nickel o. dgl.[2] wird durch eine Säure in Lösung gebracht. Dieser Lösung, welche zweckmäßig eine Konzentration von 10—14° Bé aufweist, wird etwa die doppelte Menge einer anorganischen feinpulverigen Substanz wie Kieselgur, Ton, Asbest o. dgl. zugesetzt, aus welcher vorher mit Säure die löslichen Bestandteile entfernt worden sind. Alsdann wird

---

[1] UBBELOHDE-GOLDSCHMIDT: Handb. d. Öle u. Fette **4**, 218.

[2] In Wirklichkeit kommt nur die Anwendung von Nickel in Frage.

die Mischung mit Alkali, Soda oder Natronlauge behandelt, wodurch das Metallsalz in das entsprechende Carbonat oder Hydroxyd übergeführt und auf dem zugefügten indifferenten Material niedergeschlagen wird. Das Carbonat bzw. Hydroxyd wird dann durch Glühen in das Oxyd und das Oxyd durch Reduktion mit Wasserstoff in sehr fein verteiltes Metall, welches den anorganischen Träger fest umkleidet, übergeführt. Dieses Produkt wird nun mit Öl angerieben, bis eine Paste oder eine fest zusammenhaftende Suspension entsteht."

Das Verfahren von Wilbuschewitsch ist also nur insofern von dem Normannschen verschieden, als bei ersterem der Nickeloxyd-Kieselgur-Niederschlag geglüht, bei letzterem vor der Reduktion nur ausgetrocknet wird. Ferner scheint Wilbuschewitsch auf die Pyrophorität des Katalysators besonderen Wert zu legen.

Die durch Reduktion von Nickeloxyd oder Nickelcarbonat erhaltenen Katalysatoren sind stets mehr oder weniger luftempfindlich und häufig auch an der Luft selbstentzündlich. Der Grad der Luftempfindlichkeit steht aber in keiner Beziehung zur Aktivität des Nickels; diese ist eher eine Folge eines stärkeren Eisengehalts, sie hängt auch mit der Reduktionstemperatur zusammen. Ein guter Nickelkatalysator braucht aber durchaus nicht pyrophor zu sein. Die Güte des Katalysators scheint eher von der Reinheit des angewandten Nickelsalzes und vor allem von der Feinheit seiner Verteilung abzuhängen. Geringe Verunreinigungen haben aber nicht die Bedeutung wie häufig angenommen wird. So kann man selbst bei unvollständigem Auswaschen des Nickel-Kieselgur-Niederschlages Katalysatoren erhalten, die in ihrer Aktivität kaum beeinträchtigt sind, und bei der Härtung gibt man dem technischen Nickel sogar den Vorzug.

Moschkin[1] hat die Wirkung von Katalysatoren untersucht, die aus vollständig ausgewaschenen, unvollständig ausgewaschenen sulfathaltigen, ferner aus 10% Natriumsulfat enthaltenden Niederschlägen, hergestellt worden und schließlich von Katalysatoren, die an Stelle von Wasserstoff mit Wassergas reduziert worden sind. Er hat mit all diesen Katalysatoren bei der Härtung von Sonnenblumenöl unter sonst gleichen Bedingungen den gleichen Absättigungsgrad erreicht. Bei der Reduktion der schwefelhaltigen Niederschläge und ebenso bei Anwendung von Wassergas zur Reduktion des Katalysators enthielten die aus dem Ofen abziehenden Gase reichlich Schwefelwasserstoff. Der Schwefel wird demnach bei der Reduktion des Katalysators bei hohen Temperaturen entfernt. Eine sorgfältige Reduktion des Katalysators ist also gewissermaßen eine Korrektur für dessen unvollständiges Auswaschen. Gefährlicher dürfte es allerdings sein, wenn in dem mangelhaft ausgewaschenen Niederschlag Alkali verbleibt, denn schon ganz geringe Mengen Soda wirken reaktionshemmend.

---

[1] Maslobojno-Shirowoje Delo **1928**, Nr. 10.

Für das Ausfällen des Nickels auf der Kieselgur ist, wie NORMANN richtig bemerkt, heiße Sodalauge anzuwenden und nach Möglichkeit bei Temperaturen nahe der Siedehitze zu arbeiten. Nach Versuchen des Verfassers verbraucht Nickelsulfat bei der Titration mit Sodalösung in der Kälte nur einen Bruchteil der in der Siedehitze zum Ausfällen benötigten Alkalicarbonatmenge. Das kalt gefällte Produkt stellt ein basisches Nickelsalz dar, und das Nickel scheidet sich dabei nur unvollständig aus. Man muß also unbedingt mit heißen Lösungen arbeiten. Auch zum Waschen ist heißes, kohlensäurefreies Wasser zu verwenden, da in Gegenwart von Kohlensäure das Nickel teilweise wieder in Lösung geht.

4. Die Katalysatoren aus Nickelboraten.

Die Handhabung des auf die geschilderte Weise hergestellten Nickelkatalysators wird durch dessen Luftempfindlichkeit erschwert. Es wurde seinerzeit vorgeschlagen[1], zu Katalysatoren, welche sich gegenüber Luftsauerstoff indifferent verhalten, zu gelangen, indem an Stelle von Nickeloxyd oder Nickelcarbonat Nickelborate im Wasserstoffstrom bei Temperaturen von über 400° reduziert wurden. Tatsächlich ergibt die Reduktion von neutralem Nickelborat nach BÖNISCH ein braunes Pulver, das ohne Vorsichtsmaßnahmen an der Luft aufbewahrt werden kann. Ein solcher Katalysator ist aber nicht durch besonders hohe Aktivität gekennzeichnet; er steht hinter dem Nickel-Kieselgur-Katalysator erheblich zurück, übertrifft aber die Reinnickelkatalysatoren. Aber ebenso wie Reinnickel läßt sich die Wirksamkeit des aus Nickelborat hergestellten Katalysators nach Versuchen des Verfassers steigern, wenn man ihn durch Ausfällen des Nickels auf Kieselgur mit Boraxlösung, Auswaschen und Reduktion gewinnt. Ein solcher Katalysator ist ebenso aktiv wie Nickel-Kieselgur, von wecher er sich durch völlige Unempfindlichkeit gegen Luft unterscheidet.

Auch auf folgendem Wege gelang es, nichtpyrophore Katalysatoren herzustellen:

Die Nickellösung (2 Mol) wird mit einem Gemisch von je 1 Mol Soda und Borax gefällt. Es entsteht ein Niederschlag von basischem Nickelborat, der einen sehr aktiven, gegen Luft unempfindlichen Katalysator nach der Reduktion liefert. Geht man mit dem Boraxgehalt der Fällungslösung allzu weit zurück, so steigt in gleichem Maße die Luftempfindlichkeit der Katalysatoren. Eine Grenze dürfte bei einem basischen Borat, das auf 3 Teile NiO etwa 1 Teil B_2O_3 enthält, liegen.

---

[1] DRP. P. 336 408 (1913), 352 431 (1918); Franz. P. 520 180 (1919) — UBBELOHDE, SCHÖNFELD: Allg. Öl- u. Fett-Ztg. **1930**, 425 — Z. angew. Chem. **1931**, 184.

Vermutlich bildet bei dem Reduktionsprozeß das bei der Zersetzung der Nickelborate entstehende Borsäureanhydrid eine Schutzschicht über den einzelnen Nickelpartikelchen, welche den unmittelbaren Kontakt des Nickels mit der Luft verhindert. Bei Vermischen des Katalysators mit Öl löst sich diese Schutzschicht ab, so daß das Nickel jetzt seine katalytische Aktivität voll entfalten kann. Daß die Katalysatoren aus neutralem Nickelborat weniger aktiv sind als die aus basischen Boraten, mag darauf zurückzuführen sein, daß das neutrale Salz nur sehr schwer reduzierbar ist. Infolgedessen ist der Nickelgehalt solcher Katalysatoren nicht groß genug und kann auch durch längere Reduktion nicht erhöht werden, da das neutrale Nickelborat bei längerem Erhitzen auf 420° stark zusammenzubacken beginnt. Diese Neigung zum Zusammenbacken beim Erhitzen im Wasserstoffstrome zeigen die basischen Borate und ebenso das auf Kieselgur niedergeschlagene Nickelmetaborat nicht mehr. Sie können deshalb leichter und weitgehender reduziert werden.

Daß die Katalysatoren, die aus den basischen Nickelboraten, auch in Abwesenheit von Kieselgur, erhalten werden, sehr viel aktiver sind als die Reinnickelkatalysatoren, dürfte darauf zurückzuführen sein, daß erstere nicht aus reinem Nickel bestehen, sondern daß in ihnen das reduzierte Nickel auf dem nichtreduzierten Teil des Salzes verteilt ist, ähnlich wie das Nickel auf der Kieselgur beim NORMANNschen Katalysator.

Über die vergleichende Wirkungsweise der Nickelkatalysatoren und ihre technische Gewinnungsweise wird noch später berichtet werden.

Herstellung von Nickelkatalysatoren durch Reduktion von in Öl suspendierten Nickelverbindungen.

Die technische Gewinnung des Nickel-Kieselgur-Katalysators begegnet gewissen Schwierigkeiten, die noch bis zum heutigen Tage nicht restlos überwunden sind. Das Arbeiten mit der staubförmigen Kieselgur ist sehr lästig, das Einatmen des Staubes, der beim Trocknen und Vermahlen der Kieselgurniederschläge entsteht, ist nicht ganz unbedenklich. Die Reduktion der Katalysatormasse ist infolge der erforderlichen hohen Temperaturen und der Luftempfindlichkeit der reduzierten Katalysatoren eine der kompliziertesten Operationen der Hartfettanlage.

Es mag allerdings gleich hier betont werden, daß es auf keinem Wege gelingt, zu Nickel-Katalysatoren gleicher Aktivität zu gelangen[1].

---

[1] Die Edelmetallkatalysatoren sind allerdings noch viel aktiver, dafür aber infolge ihrer Kostspieligkeit ohne technische Bedeutung.

IPATJEW[1] hat eine Reihe organischer Verbindungen mit Nickel- und Kupferoxyd als Katalysator unter hohem Wasserstoffdruck hydrieren können, unter anderem auch Ölsäure zu Stearinsäure.

1. Das ERDMANNsche Verfahren.

BEDFORD und ERDMANN[2] haben gefunden, daß man Öle hydrieren kann, wenn man sie im Gemisch mit Nickeloxyd in einem kräftigen Wasserstoffstrom auf etwa 250—260° erhitzt. Dabei wird zunächst das im Öl suspendierte Oxyd reduziert, wie von den Erfindern behauptet wurde, zu einem hypothetischen Nickelsuboxyd, und wie heute mit Sicherheit feststeht, zu metallischem Nickel. Doch ist es sicher, daß dabei ein sehr fein verteiltes Nickelmetall von wesentlich größerer Aktivität gebildet wird als bei der trockenen Reduktion des gleichen Metalloxyds.

Das unter Öl reduzierte Oxyd verteilt sich äußerst fein im Öl zu einer tintenschwarzen Suspension und ist ohne Zweifel ein brauchbarer Fetthärtungskatalysator, was man von dem trocken reduzierten Nickel nicht behaupten kann.

Der größte Vorzug dieser von ERDMANN vorgeschlagenen Arbeitsweise besteht in der äußerst einfachen Herstellungsart des Katalysators.

Für das Verfahren kann jedes käufliche Nickeloxyd verwendet werden; die Herstellung des Katalysators kann ohne besondere Apparaturen, im Härtungsapparat selbst, vor sich gehen. Die beginnende Reduktion des Nickeloxyds macht sich dadurch bemerkbar, daß der Inhalt des Hydrierkessels seine Frabe von grün nach grau und später nach tiefschwarz wechselt; sobald dies erreicht ist, kann die Härtungstemperatur wesentlich, auf etwa 180°, herabgesetzt werden, denn die anfangs recht hohe Reaktionstemperatur ist nur für die Reduktion des Oxyds erforderlich. Ebenso genügt bei wiederholter Anwendung des einmal reduzierten Katalysators eine normale Härtungstemperatur von 180—200°.

Zwecks Herstellung eines besonders voluminösen Nickeloxyds wird nach ERDMANN und BEDFORD[3] eine konzentrierte, mit Rohrzucker versetzte Lösung von Nickelnitrat auf eine auf Rotglut erhitzte Muffel aufgetropft. Nach eigenen Beobachtungen läßt sich aber gewöhnliches Nickeloxyd mit dem gleichen Erfolg anwenden.

Das ERDMANNsche Verfahren war längere Zeit praktisch angewandt worden. Später hat man das Nickeloxyd gänzlich durch Nickelformiat ersetzt. Es ist aber unzweifelhaft ERDMANNs Verdienst, mit der Reduktion des Katalysators in der Ölsuspension ein neues technisches Ver-

---

[1] Ber. dtsch. chem. Ges. **1907**, 1281; **1908**, 991 usw.
[2] Engl. P. 29612 (1911) — Journ. prakt. Chem. **1913**, 425.
[3] DRP. 2600009.

fahren zur Ölhärtung eingeführt zu haben, das sich im Laufe der Jahre zu großer praktischer Bedeutung entwickelt hat.

Ein Nachteil des Verfahrens ist die hohe für die Reduktion des im Öl suspendierten Nickeloxyds erforderliche Temperatur. Für die Beheizung der Kessel reicht natürlich Kesseldampf nicht aus, sie müssen auf anderem Wege, sei es durch Heißwasser-Ölheizung oder sonstwie beheizt werden. Die Bamag-Meguin A. G. verwendet Hochdrucksattdampf. Schlimmer ist es, daß auch das Öl einige Stunden Temperaturen von 250—260° ausgesetzt wird. Ein solches Öl ist für Speisezwecke nicht mehr gut verwendbar, wohl aber für technische Zwecke. Man kann sich in der Weise behelfen, daß man die Reduktion an einem Gemisch von Öl mit größeren Mengen, etwa 10%, Nickeloxyd vornimmt, das reduzierte Nickel vom Öl abfiltriert und dieses dann in der zur Härtung erforderlichen Menge der Ölcharge zugibt, die jetzt natürlich nicht mehr so hoch erhitzt zu werden braucht.

Ein Vorschlag, das Nickeloxyd durch Nickelcarbonat zu ersetzen[1], brachte keine Vorteile, da letzteres die gleichen Reaktionstemperaturen erfordert und der erhaltene Katalysator sich durchaus nicht anders verhält wie der aus Nickeloxyd hergestellte.

2. Das Nickelformiatverfahren.

Wettbewerbsfähig mit dem Normannschen Verfahren wurde die Arbeitsweise Erdmanns erst dann, als man das Nickeloxyd durch Nickelformiat ersetzte (Erfinder Wimmer und Higgins[2]).

Das Nickelformiat zersetzt sich unter Öl bereits bei 230° zu einem sehr fein verteilten metallischen Nickelpulver von sehr hoher katalytischer Aktivität, das aber dem Nickel-Kieselgur-Katalysator noch unterlegen ist, namentlich wenn man die Aktivität an gleichen Nickelmengen und nicht an gleichen Katalysatormengen mißt.

Zur Herstellung von Nickelformiat wird eine Nickelsulfatlösung mit Natriumformiat umgesetzt oder, besser, Nickelcarbonat in Ameisensäure gelöst und aus der Lösung auskrystallisiert. Nickelformiat ist etwas löslich in Wasser, so daß das Filtrat noch nickelhaltig ist. Der gelöst gebliebene Teil des Nickels muß natürlich als Carbonat oder Hydroxyd ausgefällt werden. Das Formiat wird nach Vermahlen im Vakuum getrocknet, mit Öl zu einer Paste gerieben, mit weiterem Öl zu einem Formiatgehalt von etwa 10% verdünnt und in einem kleinen Kessel, der genau so konstruiert ist wie der eigentliche Härtungsautoklav und mit einer Heizvorrichtung ausgestattet ist, die das Erhitzen auf

---

[1] Fuchs: DRP. 349251.

[2] DRP. 300225. — Amer. P. 1416249. — Hydrierpatentverwertungsges. Österr. P. 86138.

230—250° gestattet, einige Stunden unter Durchleiten von Wasserstoff erhitzt; statt dessen kann man auch den Apparat unter Vakuum setzen. Das Formiat zerfällt dabei zu Kohlendioxyd, Kohlenoxyd, Wasserstoff und Nickel. Die Operation nimmt einige Stunden in Anspruch. Der Katalysator wird hierauf entweder vom Öl abfiltriert oder aber weiter mit Öl verdünnt und ein Teil der Öl-Katalysator-Mischung in den Härtungsapparat gegeben.

Die Anwendung des Nickelformiats macht die ganze Apparatur zur Reduktion des Nickelkatalysators überflüssig. Ein Nachteil des Verfahrens ist, wie bereits angegeben, daß immerhin größere Ölmengen hoch erhitzt werden müssen; es darf aber nicht übersehen werden, daß auch bei der Härtung mit Nickel-Kieselgur, z. B. bei der Leinölhärtung, sehr häufig der Inhalt des Härtungskessels auf Temperaturen von über 200° ansteigt.

Die Nickelformiathärtung hat sich in den letzten Jahren sehr schnell eingeführt; sie verdrängt allmählich das Nickel-Kieselgur-Verfahren.

Es fehlte nicht an Vorschlägen zur Verbesserung dieses Verfahrens. So will ELLIS[1] ein Nickelformocarbonat durch Behandeln von Nickelcarbonat mit zur vollständigen Umwandlung desselben in Formiat ungenügenden Mengen Ameisensäure herstellen. In anderen Patenten ist die ganze Reihe der organischen Nickelsalze, beginnend mit Formiat und Acetat und endend mit Oleat, beschrieben[2]. So soll das sehr fein gemahlene Nickelacetat unter Öl bereits bei 190—200° in metallisches Nickel übergehen, eine Angabe, die ohne Zweifel falsch ist. In Wirklichkeit zersetzt sich das in Öl emulgierte Acetat bei Einleiten von Wasserstoff erst gegen 280° zu Nickel und Essigsäure[3], deren Einwirkung auf die Apparatur und das Öl nicht gerade erwünscht sein kann. Auch die fettsauren Nickelsalze (z. B. das Oleat) werden erst bei einer viel höheren Temperatur zu Nickel reduziert als das Formiat[4].

Auch fehlt natürlich der Vorschlag nicht, das Formiat auf Kieselgur zu verteilen[5], aber die Zersetzung und Reduktion des Formiats dürfte durch die Verteilung auf Kieselgur erschwert werden und höhere Temperaturen erfordern.

Von allen organischen Nickelsalzen, inbegriffen das Carbonat und auch das Oxyd und Hydroxyd ist das Formiat das geeignetste Material für die Härtung von Ölen nach dem beschriebenen Verfahren, bei welchem der Katalysator im Öl selbst reduziert wird.

---

[1] Amer. P. 1390686.
[2] HARRIS: Amer. P. 1457835.
[3] UENO u. YUKIMORI: Journ. Soc. Chem. Ind. Jap. **1931**, 109B.
[4] ELLIS: Amer. P. 1378337.
[5] REES: Amer. P. 1511520.

Kobalt-, Kupfer- und Eisenkatalysatoren.

In der Mehrzahl der Patente für die katalytische Ölhärtung mit Nickel wird außer Nickel meist in einem Zuge noch die katalytische Wirkung von Kobalt, Kupfer und Eisen erwähnt. Nach der Patentliteratur wären danach fast sämtliche Metalle, eine große Zahl von Metalloiden, Metallverbindungen usw. befähigt, sowohl als Katalysatoren, zumindest aber als Promotoren oder Aktivatoren der Nickelkatalysatoren zu fungieren.

KAHLENBERG und RITTER[1] haben eine systematische Untersuchung über das Verhalten der Metalle der Nickelgruppen bei der Ölhärtung, ausgeführt, deren Ergebnisse allerdings anfechtbar erscheinen. Für die Versuche wurden jeweils 20 g Metallnitrat mit 20 g Bimsstein vermischt und nach Überführen des Gemisches in Oxyd dieses bei 350° reduziert und zur Härtung von 200 g Cottonöl (Jodzahl 108) bei 180° verwendet.

Die Ergebnisse sind in Tabelle 1 zusammengefaßt.

Tabelle 1. Zweikomponenten-Katalysatoren.

Katalysator	Dauer der Härtung von Cottonöl	Schmelzpunkt
Ni	4 St.	halbfest
Ni	5 ,,	fest
Ni	6 ,,	35°
Co	6 ,,	halbfest
Co	7 ,,	25°
Co	8 ,,	30°
Co + Ni (1 : 1)	2 ,,	halbfest
Co + Ni (1 : 1)	3 ,,	25°
Co + Ni (1 : 1)	4 ,,	42°
Fe	10 ,,	flüssig (JZ. 90)
Fe	20 ,,	flüssig (JZ. 75 bis 85)
Fe : Co		ohne Wirkung

Demnach vermag Kobalt den Nickelkatalysator tatsächlich zu aktivieren, während Eisen seine Wirkung hemmt. Für sich allein war Kobalt und ebenso Eisen dem Nickel stark unterlegen; in der Kombination wirkte aber Kobalt als Promotor.

Aluminium, in gleicher Weise hergestellt, war wirkungslos. In Kombination mit Zink (Zinkcarbonat auf Aluminiumpulver niedergeschlagen) vermochte es angeblich, Cottonöl in 12 Stunden bis zur Jodzahl 63 zu hydrieren. Auch Zink allein, verteilt auf Bimsstein, erwies sich als ein schwacher Katalysator der Ölhärtung. Sogar Wismut (auf Knochenkohle) hatte katalytische Eigenschaften.

---

[1] Journ. physic. Chem. **25,** 90 (1921).

Im Gegensatz zu KAHLENBERG und RITTER hat PATEL[1] festgestellt, daß bei 300° durch Reduktion hergestelltes Kobalt (aus Kobaltnitrat auf Kieselgur) keinerlei Aktivität besitzt, bei 345—390° reduziertes Kobalt war nur schwach aktiv. In gemischten Nickel-Kobalt-Katalysatoren nahm die katalytische Aktivität mit steigendem Kobaltgehalt ab. Als Grenze fand er einen Gehalt von 1 Teil Kobalt auf 93 Teile Nickel; oberhalb dieser Grenze zeigt Kobalt bereits eine deutlich hemmende Wirkung auf den Nickelkatalysator. Auch Kupfer und ebenso Silber verzögern die Nickelwirkung.

Aus zwei oder mehreren Komponenten bestehende Katalysatoren.

Die Badische Anilin- und Soda-Fabrik hat gefunden, daß man die wasserstoffübertragende Wirkung der Nickelkatalysatoren erhöhen kann, wenn man dem Nickel geringe Mengen anderer Metalle, Metalloxyde usw. zusetzt[2].

So soll sich Cottonöl mit einem aus 40 Teilen Nickelcarbonat und 1 Teil Ammoniumtellurit durch Reduktion hergestelltem Katalysator schon bei 100° härten lassen. Ein Katalysator, hergestellt durch Reduktion eines Gemisches von 40 Teilen Nickelcarbonat, 1 Teil Ammoniumwolframat und 1 Teil Bariumnitrat bei 300° soll die Härtung von Sesamöl bei 120° ermöglichen.

An Stelle obiger Zusätze kann man Strontiumnitrat und Ammoniumselenit anwenden usw.

Also auch die Oxyde der Erdmetalle und der seltenen Erden sollen diese aktivierende Wirkung auf das Nickel zeigen. So wird z. B. Nickel- und Aluminiumnitrat mit Pottasche gefällt und bei 300° reduziert. Sojabohnenöl kann in Gegenwart eines solchen Katalysators unter einem Druck von 20 at bereits bei 80° hydriert werden.

Als weitere Zusätze zum Nickel kommen beispielsweise die Oxyde des Titans, Urans, Mangans, des Vanadiums, Niobs und Tantals in Frage; z. B. werden Nickelnitrat und milchsaures Titan mit Soda gefällt usw. und bei 300° reduziert. Mit diesem Katalysator läßt sich unter erhöhtem Druck Cottonöl bereits bei 100—120° hydrieren.

Die De Nordiske Fabriker[3] stellen einen Nickel und Aluminium enthaltenden Katalysator durch Versetzen einer Nickelsulfatlösung mit Natriumaluminat, Waschen, Trocknen und Reduzieren bei 300 bis 400° her.

---

[1] Journ. Indian Inst. Sc. **7**, 197 (1924).
[2] DRP. 282782, 307580, 307989, 378806, 391673 usw.
[3] Holl. P. 7970.

DEWAR und LIEBMANN[1] stellen einen Katalysator für die Ölhärtung aus einem Gemisch von Nickel, Kobalt und Eisen her, gegebenenfalls auch unter Zusatz von Silberoxyd.

Nach TAYLOR[2] und verschiedenen anderen Forschern soll ein Zusatz von Kupfer die Aktivität des Nickels erhöhen.

ELLIS[3] empfiehlt die Anwendung eines 10—20% Kupferformiat enthaltenden Nickelformiats. Er behauptet allerdings nicht, daß das Kupfer aktivierend wirke. Durch den Kupferzusatz werde nur die Reduktionstemperatur der Nickelverbindung bis unter 200° herabgesetzt. Der Katalysator wird durch gemeinsame Ausfällung einer Kupfer-Nickel-Salzlösung hergestellt. Ob es allerdings zutrifft, daß solche kupferhaltige Katalysatoren die verbreitetsten sind, wie ELLIS behauptet, erscheint äußerst zweifelhaft.

Es trifft nicht einmal zu, daß ein Kupferzusatz in allen Fällen die Reduktionstemperatur des Nickelformiats oder anderer Nickelverbindungen herabsetzt (s. S. 28).

BOSCH, MITTASCH und SCHNEIDER[4] verwenden als Promotoren der Ölhärtungskatalysatoren Erdalkaliphosphate und -borate.

Nach ELLIS soll Natriumsulfat und Bariumsulfat, nach SCHERING[5] ein Zusatz geringer Mengen Natriumcarbonat die Katalyse begünstigen.

KITA und MAZUME[6] kamen bei der Nachprüfung der Patentangaben über die Wirkung von Zusätzen auf die katalytische Aktivität des Nickels bei der (Sojaöl-) Hydrierung zu folgenden Resultaten:

Mechanische Vermischung des Nickels mit 2% Aluminiumoxyd wirkt fördernd, ein höherer Aluminiumoxydzusatz wirkt bereits hemmend. Dagegen übt Aluminiumoxyd eine enorm fördernde Wirkung aus, wenn man das Nickelhydroxyd zusammen mit Aluminiumhydroxyd ausfällt und das Gemisch zusammen reduziert. So haben 5 ccm Sojaöl in 90 Minuten mit Nickel allein 31 ccm Wasserstoff absorbiert, in Gegenwart eines 4% Aluminiumoxyd enthaltenden Nickels 68 ccm und in Gegenwart von 8% Aluminiumoxyd sogar 176 ccm Wasserstoff. Bei weiterer Steigerung des Aluminiumgehalts des Katalysators auf 10% ging die Wasserstoffabsorption wieder auf 130 ccm zurück.

Magnesiumoxyd zeigte auch bei mechanischer Vermischung mit Nickeloxyd und darauffolgende gemeinsame Reduktion des Oxydgemisches eine aktivierende Wirkung. Die Wasserstoffabsorption durch

---

[1] Engl. P. 12981 (1913).
[2] Trans. amer. Electrochem. Soc. **36**, 149 (1919).
[3] Amer. P. 1645377.   [4] Amer. P. 1215335.   [5] DRP. 219043/44.
[6] Ztschr. f. angew. Ch. **1923**, 389.

5 ccm Öl stieg von 35 ccm bei Reinnickel auf 67 ccm bei Zusatz von 6% Magnesiumoxyd, um bei noch höheren Magnesiumzusätzen langsam wieder abzusinken. Noch größer war der Einfluß des Magnesiums, als es gemeinsam mit Nickel ausgefällt wurde. Die Wasserstoffabsorption stieg auf 133 ccm bei einem Magnesiumgehalt des Nickels von 2%, gegen 35 ccm bei Reinnickel.

Außerordentlich groß war die aktivierende Wirkung von Calciumborat, jedoch zeigte sich diese nur dann, wenn das Gemisch von Nickeloxyd und Calciumborat gemeinsam reduziert wurde. In Gegenwart von 8% Calciumborat im Nickel stieg die Wasserstoffabsorption von 31 ccm auf 181 ccm.

Soda wirkte bereits bei einem Zusatz von 0,05% im Katalysator hemmend auf den Verlauf der Hydrierung. Die beiden Autoren haben auch festgestellt, daß freie Fettsäuren einen ausgesprochen günstigen Einfluß auf die Geschwindigkeit der Ölhärtung haben.

Ssadikow[2] hat nachgewiesen, daß seltene Erden den Nickelkatalysator bei der Ölhärtung nicht zu beeinflussen vermögen. Eher könnte man von einer hemmenden Wirkung sprechen. Wird Nickel auf Kieselgur niedergeschlagen, die mit einer Cerinitratlösung imprägniert war, so sinkt die Aktivität des Katalysators sogar auf die Hälfte. Bei Reinnickel konnte nach einem Zusatz geringer Mengen von Oxyden seltener Erden überhaupt kein Effekt festgestellt werden.

Kita und Mazume[2] wollen später gefunden haben, daß ein Zusatz von kleinen Mengen alkalischer Stoffe die Wirkung des Nickelkatalysators steigere. Das Optimum liege für Natriumcarbonat und Borax bei einem Zusatz von 0,1 ccm 0,01 n-Lösung zu 0,05 g Ni. Die Angabe dürfte auf einem Irrtum beruhen, da Alkali in kleinsten Mengen reaktionshemmend wirkt.

Die von der Badischen Anilin- und Sodafabrik festgestellte Aktivierung des Nickels durch Oxyde seltener Erden dürfte auf einem Beobachtungsirrtum beruhen. Jedenfalls sind die in den Patentschriften dieser Gesellschaft angeführten Beispiele wenig beweiskräftig, denn es fehlen die Vergleiche mit Katalysatoren ohne diese Zusätze. Die Feststellung, daß die mit Aktivatoren versetzten Nickelkontakte die Härtung von Ölen unter höherem Druck bereits bei 100—120° ermöglichen, beweist nicht viel, denn bei höherem Wasserstoffdruck kann man auch unter Anwendung von Reinnickelkatalysatoren spielend leicht Öle bis zu jedem beliebigen Grad bei den gleichen Temperaturen hydrieren.

---

[1] Shurnal Prikladnoj Chimji **3**, 572 (1930).
[2] Chem. Umschau, Öle Fette **32**, 262 (1925).

Wirkung von „Aktivatoren".

Die große Anzahl der vorgeschlagenen Zusätze und Aktivatoren der Nickelkatalysatoren führt eigentlich zwangsläufig zu einer recht einfachen Erklärung ihrer Wirkung. Es liegt nahe, anzunehmen, daß sie die Rolle eines mechanischen, die Oberfläche des Nickels vergrößernden und dessen Sinterung bei den hohen Reduktionstemperaturen verhindernden Verteilungsmittels übernehmen, also die gleiche Wirkung haben wie Kieselgur im Normannschen Katalysator.

Auf diesen Gedanken kamen zuerst Armstrong und Hilditch[1], welche in der nachfolgend berichteten äußerst lehrreichen Untersuchung nachgewiesen haben, daß man vergeblich nach Aktivatoren des Nickelkatalysators sucht bzw. gesucht hat. Die Wirkung verschiedener Zusätze zum Nickel läßt sich rein mechanisch durch Entwicklung einer größeren Oberfläche erklären.

1. Aktivierung des Reinnickelkatalysators.

Leicht reduzierbare Oxyde, wie Kupferoxyd, haben einen hemmenden Einfluß auf die Aktivität des Nickels; dagegen wirken die schwer reduzierbaren Oxyde des Aluminiums, Eisens, Magnesiums und Calciums fördernd. Diese Aktivierung erklärt sich einzig und allein durch die große Oberfläche der voluminösen Oxyde, die unter den Reduktionsbedingungen der Katalysatoren unverändert bleiben, d. h. sie wirken ausschließlich als „Träger".

Die Herstellung der Katalysatoren erfolgte in der Weise, daß jeweils ein Gemisch der Sulfate des Nickels und des betreffenden „Aktivators" gemeinsam mit überschüssiger Sodalösung gefällt, ausgewaschen und bei 300° reduziert wurde. Mit den Katalysatoren wurden unter völlig gleichen Bedingungen Cottonölhärtungen vorgenommen.

Es fiel zunächst auf, daß es außerordentlich schwierig ist, Reinnickelkatalysatoren mit annähernd gleicher Aktivität herzustellen. Die geringsten Abweichungen beim Herstellungsverfahren führen zu enormen Abweichungen in der Aktivität des reduzierten Kontaktes. Dagegen sind die Ergebnisse viel leichter reproduzierbar, wenn die Herstellung des Katalysators in Gegenwart von Oxyden anderer Metalle oder aber auch in Gegenwart von Kieselgur vor sich geht. Nach den Versuchen unterliegt es übrigens keinem Zweifel, daß die Oxydzusätze günstig sind. Die Ergebnisse sind in der Tabelle 2 einzusehen.

An dieser Tabelle fällt es auf, daß geringe Zusätze von Metalloxyden den Katalysator aktivieren, während größere Zusätze die entgegen-

---

[1] Proc Roy. Soc. Lond., Ser. A **103**, 586 (1923).

gesetzte Wirkung haben. Das ist natürlich darauf zurückzuführen, daß bei Zunahme des Oxydgehalts der Gehalt des Katalysators an Nickel schließlich so weit sinkt, daß die durch das Oxyd hervorgerufene Steigerung der Aktivität wieder aufgehoben wird. Das Oxyd, z. B. Aluminiumoxyd, ist viel voluminöser als Nickel; ist also vom Oxyd zuviel vorhanden, so überzieht es das Nickel und behindert dadurch dessen Reduktion. Bei geringen Aluminiumoxydzusätzen wird dieses dagegen nur so wirken, daß es die einzelnen Nickelpartikelchen voneinander trennt und sie vor dem Zusammensintern schützt. Von einer aktivierenden Wirkung kann schon deswegen nicht die Rede sein, weil man ja das Nickel in sich selbst viel stärker

Tabelle 2. Härtung von Cottonöl mit Reinnickelkatalysatoren und mit Katalysatoren, welche neben Nickel Zusätze von Metalloxyden enthalten.

Katalysator	Aussehen d. Kat.	Jodzahl des gehärteten Öls
Rein-Ni	—	10,9 — 77,7
Ni + 0, 5% ⎫	schwarz	3,1
Ni + 1,0% ⎪	„	1,7
Ni + 2% ⎬ Al$_2$O$_3$ . .	„	1,8
Ni + 2,5% ⎪	„	1,7
Ni + 5,0% ⎪	„	9,9
Ni + 10 % ⎭	grau	106,5
Ni + 0,5% ⎫	—	4,3
Ni + 1,0% ⎪	—	2,9
Ni + 2,0% ⎬ Fe$_2$O$_3$ . .	—	3,9
Ni + 5,0% ⎪	—	33,4
Ni + 10 % ⎪	braun	47,3
Ni + 20 % ⎭	„	66,7
Ni + 0,5% ⎫	—	1,4
Ni + 1,0% ⎪ MgO. . .	—	0,7
Ni + 3 % ⎬	—	23,9
Ni + 5 % ⎭	—	27,1
(Wasserglas)		
Ni + 1,0% SiO$_2$ . . .	—	2,9

„aktivieren" kann als durch Oxydzusätze. So genügt ja die Verteilung des Nickels auf Kieselgur, um seine Wirksamkeit bis um das 45fache zu steigern, also in einem viel höheren Maße, als durch irgendein Oxyd zu erreichen wäre.

2. Aktivierung des Nickel-Kieselgur-Katalysators.

In den auf Kieselgur verteilten Nickelkatalysatoren äußert sich ein Zusatz von Oxyd wesentlich anders als bei Reinnickel, wie aus folgenden Versuchen von Hilditch hervorgeht.

Es wurden folgende Katalysatoren geprüft:

1. Nickel auf ungewaschener Kieselgur niedergeschlagen; die Kieselgur enthielt 1,56—2,7% Eisenoxyd, 6,84—7,38% Aluminiumoxyd, 0,37—1,1% Calciumoxyd und Spuren von Magnesiumoxyd;

2. Nickel, niedergeschlagen auf der gleichen Kieselgur, aber nach Reinigung derselben mit Königswasser;

3. Nickelsulfat und der Königswasserextrakt der Kieselgur wurden gleichzeitig auf der gereinigten Kieselgur niedergeschlagen, ausgewaschen, reduziert usw.;

4. es wurde zunächst der Königswasserextrakt der Kieselgur auf der Kieselgur niedergeschlagen und darauf erst das Nickel;

5. wie bei 3., mit dem Unterschied, daß an Stelle des Königswasserextraktes ein Gemisch gleicher prozentualer Zusammensetzung von Chloriden des Aluminiums, Eisens usw. gemeinsam mit Nickel auf der gewaschenen Kieselgur niedergeschlagen wurde;

6. das Nickel und 15% davon an Aluminiumoxyd wurden gleichzeitig auf gereinigter Kieselgur niedergeschlagen;

7. es wurden zuerst 15% (auf Nickel berechnet) Aluminiumoxyd auf der Kieselgur ausgefällt und darauf erst das Nickel.

Bei sonst gleichen Bedingungen wurden mit den 7 Katalysatoren bei der Härtung folgende Jodzahlen erreicht: mit 1:25,5, mit 2:56,5, mit 3:30,5, mit 4:19,6, mit 5:21,2, mit 6:49,1 und mit 7: die Jodzahl 18,7.

Es findet also keine Aktivitätszunahme statt, wenn man die Zusätze gleichzeitig mit Nickel auf der Kieselgur ausfällt, wohl aber wenn zuerst die Zusätze und hierauf erst das Nickel auf der Kieselgur niedergeschlagen wird. Arbeitet man nach dem zuletzt genannten Verfahren, so kann man auch bei den kieselgurhaltigen Katalysatoren eine starke Aktivierung durch verschiedene Oxyde feststellen, wie aus Tabelle 3 klar hervorgeht.

Jedes Oxyd hat also eine optimale Konzentration, und auch hier erweist sich Aluminiumoxyd als der wirksamste Zusatz, genau wie beim Reinnickelkatalysator. Eisenoxyd hatte dagegen eine ganz schwache Wirkung, was darauf zurückzuführen ist, daß bei 450° ein Teil des Eisenoxyds zu metallischem Eisen reduziert wird. Tatsächlich zeigten die Nickel-Kieselgur-Katalysatoren mit größerem Eisenzusatz eine ausgesprochene Eisenfarbe.

Tabelle 3. Zuerst das Oxyd, dann das Nickel auf gereinigter Kieselgur niedergeschlagen, und bei 450° reduziert.

%	Al$_2$O$_3$	Fe$_2$O$_3$	CaO	MgO
	Gehärtetes Öl			
	JZ.	JZ.	JZ.	JZ.
2	51,5	70,5	38,0	44,0
10	35,6	45,3	34,0	34,9
15	18,9	52,3	28,2	56,5
20	15,5	78,0	41,1	—
25	62,5	—	—	—

Die Wirkung der Zusätze auf den Trägerkatalysator erklärt sich in folgender Weise: Mit gewaschener (gereinigter) Kieselgur erhält man einen schlechteren Katalysator als mit der rohen. Zurückzuführen ist das darauf, daß das Nickel zu tief in die Poren der gereinigten Gur eindringt, so daß es sowohl der Reduktion wie dem Kontakt mit Wasserstoff und Öl zu wenig zugänglich ist. Durch das Niederschlagen von

Aluminiumoxyd u. dgl. werden die Poren der Kieselgur verstopft, so daß dann das nachträglich ausgefällte Nickel mehr auf der Oberfläche, in einer für den Kontakt günstigeren Lage verbleibt. Daß diese Erklärung richtig ist, folgt schon daraus, daß die optimale Aluminiumoxydkonzentration beim Reinnickel nur 1—5% beträgt, bei Nickel-Kieselgur dagegen 20%.

Aus der ganzen Untersuchung folgt eindeutig, daß eine Promotorwirkung der Zusätze nicht vorhanden ist. Jedes Metalloxyd, vorausgesetzt daß es bei der Herstellungstemperatur des Katalysators nicht mitreduziert wird und daß es ohne spezifische Giftwirkung auf das Nickel ist, wird sich als Aktivator betätigen können.

Eine Bestätigung finden die Angaben von HILDITCH in einer Untersuchung von UENO und SAIDA[1]. Diese fanden, daß man bei Anwendung von frischer Kieselgur und von aus erschöpften Katalysatoren wiedergewonnener Kieselgur, welche durch große Mengen Schwefel, Kalk, Spuren von Blei, also Stoffe, welche die Härtung stark gelähmt hätten, wenn sie dem Öl oder dem Katalysator mechanisch beigemengt wären, gleichwertige Katalysatoren gewinnen kann. Ihre Giftwirkung kommt nicht zustande, wenn diese Verunreinigungen unter dem Nickel in der Trägerunterlage enthalten sind.

3. Wirkung des Kupfers in Nickelkatalysatoren.

Von verschiedenen Seiten wurde eine besonders stark aktivierende Wirkung eines Kupferzusatzes auf den Katalysator behauptet[2].

In Wirklichkeit zeigt Kupfer keine größere katalytische Aktivität, es wirkt auch nicht aktivierend auf das Nickel. Dagegen vermag Kupfer tatsächlich den Nickelkatalysator in bestimmten Fällen insoweit günstig zu beeinflussen, als sich kupferhaltiges Nickeloxyd bei niedrigerer Temperatur reduzieren läßt. Das kann bei der Reduktion des Katalysators in der Ölsuspension von Vorteil sein. Eine sehr interessante Untersuchung hat hierüber HILDITCH ausgeführt[3].

Selbst auf Trägern verteiltes Nickel kann unter Umständen schon bei 170—180° reduziert werden, wenn es eine gewisse Menge Kupfer enthält, während reine Nickelkieselgur-Katalysatoren unter 350° nur sehr schwer reduzierbar sind.

Bemerkenswert ist, daß die Herabsetzung der Reduktionstemperatur nur dann erfolgt, wenn das Kupfer gleichzeitig mit dem Nickel ausgeschieden wird. Bei mechanischer Vermischung der beiden Oxyde ist das Kupfer völlig wirkungslos. Das deutet darauf hin, daß die Erniedri-

---

[1] Journ. Soc. Chem. Ind. Jap. **1927**, 107 B.
[2] Engl. P. 12981 (1913); 15668 (1914) usw.
[3] Proc. Royal Soc. London, Ser. A **102**, 21 (1923).

gung der Reduktionstemperatur dem Vorhandensein einer Nickel-Kupfer-Verbindung zugeschrieben werden muß. Es wurde festgestellt, daß es, um einen aktiven Nickel-Kupfer-Katalysator zu erhalten, wesentlich ist, das Kupfer mit Soda nur unvollständig auszufällen, so daß das Filtrat noch starke Kupferfarbe zeigt. Es besteht eine sehr nahe Beziehung zwischen der Zusammensetzung der Fällungen, welche aktive Nickel-Kupfer-Katalysatoren liefern und der Klasse der α-Cupricarbonate von PICKERING[1], und es wurde eine Parallelität zwischen der Aktivität der reduzierten Niederschläge und der Menge der in ihnen enthaltenen α-Cupricarbonate der Formel $Ni[Cu(CO_3)_2]$, d. h. dem Gehalt an elektronegativem Kupfer festgestellt. Auch GRÜN[2] hat seinerzeit darauf hingewiesen, daß die Verbindungsart des Kupfers eine Rolle spielt.

Kupfer-Nickel-Niederschläge, die dieser Zusammensetzung nicht entsprachen, konnten bei 180° nicht zu aktiven Katalysatoren reduziert werden. Übrigens konnte in den meisten Fällen bei 180° zwar das gesamte Kupfer, aber nur ein Teil des Nickels reduziert werden, eben der Teil, der als Nickelcupricarbonat vorgelegen hat.

Die Tatsache, daß bei dieser Verbindung auch das Nickel bei so tiefer Temperatur reduziert werden kann, ist nach HILDITCH auf die stark exothermische Reaktion der Kupferreduktion zurückzuführen; die frei werdende Wärme wird an das an Kupfer gebundene Nickeloxyd übertragen, so daß letzteres in Wirklichkeit bei einer höheren Temperatur reduziert wird als die beobachtete.

An eine aktivierende Wirkung des Kupfers kann auf Grund der Versuche nicht einmal gedacht werden. Selbst unreduziertes Nickeloxyd kann sich als „Aktivator" betätigen. Die Tatsache, daß bei niedriger Temperatur reduziertes Nickel aktiver ist als bei höherer Temperatur hergestelltes, erklärt sich nach ARMSTRONG und HILDITCH[3] einfach dadurch, daß es z. B. sehr schwierig ist, Nickeloxyd bei 250—300° gänzlich zu reduzieren; ein solches Nickel enthält stets noch größere Mengen NiO, welches als Träger für das Nickel wirkt, ähnlich wie ein Zusatz von Aluminiumoxyd usw.

4. Dreikomponenten-Katalysatoren.

UENO und OKAMURA[4] untersuchten die Hydrierung von Ölen mit Dreikomponenten-Katalysatoren, leider ohne Gegenversuche mit Reinnickelkatalysatoren vorzunehmen. Zur Beurteilung der Rolle von

[1] Chem. Soc. Trans. **95**, 1409 (1909).
[2] FAHRION: Härtung der Fette. 2. Aufl. S. 104. 1921.
[3] Proc. Royal Soc. Londnn, Ser. A **99**, 490.
[4] Journ. Soc. Chem. Ind. Jap. **34**, 349 B (1931).

Kupfer, Kobalt und anderen Metallen in Nickel sind sie aber von großer Wichtigkeit, ebenso für die Frage der Beeinflussung der Reduktionstemperatur des Nickels durch die Gegenwart von Fremdmetallen.

Tabelle 4. Härtung von Sojabohnenöl mit Dreikomponenten-Katalysatoren.

| Katalysatator | | | | Gehärtetes Öl | |
Zus.			Red.-Temp.	Schmelzp.	Jodzahl
75% Ni	20% Cu	5% Co	215—225	—	106,4
„	„	„	220—240	—	91,7
„	„	„	240—250	28,5—29,1	86,0
„	„	„	250—270	37,4—38,6	68,6
Cu	Ni	Co	175—195	41,5—43,2	62,6
„	„	„	180—200	37,3—38,1	68,9
„	„	„	220—240	40,0—41,3	64,9
Ni	Cu	Fe	195—210	38,9—39,5	66,6
„	„	„	245—270	45,2—46,5	57,0
Cu	Ni	„	175—200	37,2—38,1	69,7
„	„	„	220—240	31,2—32,8	75,5
Ni	Cu	Mn	220—240	34,2—35,4	72,8
„	„	„	245—275	45,5—46,5	56,2
Cu	Ni	Mn	175—195	31,5—33,0	75
„	„	„	200—220	29,5—31,0	80,2
„	„	„	225—250	32,5—33,5	74,3

Die Katalysatoren mit 75% Nickel sind laut Tabelle 4 am aktivsten, wenn sie bei 245—275°, diejenigen mit 75% Kupfer, wenn sie bei 175 bis 195° reduziert werden. Ein Kupfergehalt von 20% genügt nicht, um die Reduktionstemperatur des Nickels nennenswert zu erniedrigen. Die ganze Versuchsreihe wurde mit auf Kieselgur niedergeschlagenen Katalysatoren ausgeführt.

5. Wasserstoffadsorption durch Nickel und andere Metalle.

Betrachtet man die Adsorptionsfähigkeit von Wasserstoff durch fein verteilte Metalle[1] (über die allerdings sehr widersprechende Angaben vorliegen), so erscheint die Möglichkeit der Aktivierung des Nickels durch andere Metalle ebenfalls recht unwahrscheinlich. In der Tabelle 5 ist das Adsorptionsvermögen von bei 300° während 48 Stunden reduziertem NiO (I), von 12 Stunden reduziertem Nickeloxyd (II) und, da diese beiden Produkte noch nicht vollständig reduziert waren, die Wasserstoffaufnahme von einem 12 Stunden bei 300° und dann bei 600—700° voll reduziertem Nickel wiedergegeben.

Außerdem enthält die Tabelle 5 die Wasserstoffadsorptionszahlen für bei 250° reduziertes Kupferoxyd, für bei 400° reduziertes Kobalt, welches noch sehr viel Oxyd enthielt (Co I), von bei 600—700° vollständig reduziertem Kobalt (Co II) und von auf porösem Ton niedergeschlagenem Kobalt mit 10% Co (Co III); ferner von Eisen, Palladium usw.

---

[1] Journ. Amer. Chem. Soc. **53**, 1273 (1921).

Das Wasserstoffadsorptionsvermögen von Kupfer, Kobalt und Eisen ist im Vergleich zu dem des Nickels verschwindend klein. Interessant ist, daß die Gasadsorption durch das Nickel zwischen 25 und 218° von der Temperatur unabhängig ist. Ein bei 600—700° reduziertes Nickel verlor etwa 80—97° seines Wasserstoffadsorptionsvermögens; bekanntlich ist ein solches Nickel auch für die Ölhärtung unbrauchbar. Es besteht also eine ausgesprochene Parallelität zwischen der Wasserstoffadsorption und der katalytischen Aktivität des betreffenden Metalles.

In welch hohem Maße das Wasserstoffadsorptionsvermögen des Nickels durch das Verteilen auf Kieselgur gesteigert werden kann, zeigt Tabelle 6. In dieser Tabelle bedeutet I ein bei 300° aus Nickelnitrat hergestelltes Reinnickel; II einen bei 350° und III einen bei 500° reduzierten Nickel-Kieselgur-Katalysator mit 10% Ni.

Tabelle 5. Wasserstoffadsorption durch fein verteilte Metalle. (Vol. Gas pro 1 Vol. Metall).

Metall	Temperatur °			
	25	110	184	218
Ni I	3,90	4,30	—	4,05
Ni II	4,15	3,90	—	4,00
Ni III	0,25	0,30	—	0,35
Cu	0,05	0,05	—	0,05
Co I	0,05	0,05	—	—
Co II	0,05	0,05	—	0,05
Co III	1,70	—	—	—
Fe	0,05	0,05	—	0,05
Pd	753,25	540,50	—	—
Pt-Schwamm . .	4,05	4,50	—	4,90
Pt-Schwarz . . .	6,85	6,00	—	—

Die Adsorption von Wasserstoff durch Metalle ist eine spezifische Eigenschaft der letzteren, die von der Gasaufnahme durch inerte Adsorbenzien, wie aktive Kohle u. dgl., völlig verschieden ist. Die Adsorptionsgröße ist eine Funktion der Herstellungsart des Metalles, sie ist umso kleiner, je höher die Reduktionstemperatur war. Diese Tatsache steht in völliger Analogie zum Verhalten der Metalle als Katalysatoren der Ölhärtung.

Tabelle 6. Wasserstoffadsorption durch Reinnickel und Nickel-Kieselgur.

Katalysator	Temperatur °			
	25	184	218	305
I . . .	5,2	4,7	4,2	3,2
II . . .	50,7	49,8	46,3	—
III . . .	50,7	49,8	47,2	—

Die hier mitgeteilten Zahlen über die Aufnahmefähigkeit der Metalle für Wasserstoffgas haben nur einen Vergleichswert. Im übrigen sind die Angaben der Literatur über die Wasserstoffadsorption des Nickels und der anderen Metalle äußerst widerspruchsvoll[1].

---

[1] Vgl. FOKIN: Ztschr. f. Elektrochem. **1906**, 754. — WIELAND: Ber. Dtsch. Chem. Ges. **45**, 484 (1912). — MAYER. M.: Ztschr. f. angew. Ch. **23**, 147 (1910). — SIEVERTS: Ber. Dtsch. Chem. Ges. **42**, 338 (1909); **43**, 900 (1910) usw.

Stoffe mit ausgesprochener Promotorwirkung, d. h. Stoffe, die in der Kombination mit Nickel eine höhere katalytische Aktivität entfalten als die Komponenten für sich allein, sind vorläufig bei der Ölhärtung nicht mit Sicherheit festgestellt worden.

Es ist sehr wahrscheinlich, daß die tatsächlich vorhandene aktivierende Wirkung bestimmter Stoffe, insbesondere der Metalloxyde, auf die Vergrößerung der aktiven Oberfläche des Nickels zurückzuführen ist, daß also die Wirkung dieser „Aktivatoren" derjenigen der Kieselgur und anderer Trägersubstanzen gleich ist.

Negative Katalysatoren und Katalysatorgifte.

Die katalytische Ölhärtung kann auf dreierlei Wege gehemmt und lahmgelegt werden:

A. durch Begleitstoffe des Katalysators selbst,

B. durch im Öl enthaltene Verunreinigungen,

C. durch im Wasserstoff enthaltene Fremdgase.

1. Beimengungen des Katalysators.

A. Man kann sagen, daß sämtliche Zusätze zum Nickelkatalysator, abgesehen von den als Träger bezeichneten bzw. als Träger wirkenden Stoffen, seine katalytische Aktivität mehr oder weniger herabsetzen. Den aktivsten Katalysator erhält man aus technischem Nickel, weil die kleinen Mengen Fremdmetalle dem Sintern bei der Reduktion des Nickels entgegenwirken. Daß größere Mengen Kupfer, Kobalt, Eisen usw. den Katalysator hemmen, ist bereits gezeigt worden. Insbesondere ist das Eisen eine unerwünschte Beimengung, und bei der Wiederbelebung des gebrauchten Katalysators wird deshalb auf die Entfernung des Eisens größter Wert gelegt. Daraus darf aber nicht etwa der Schluß gezogen werden, daß man zur katalytischen Ölhärtung chemisch reine Nickelsalze verwenden muß. Technische Reinheit genügt vollständig, denn geringe Mengen Fremdmetalle sind ohne oder sogar von förderndem Einfluß.

Stärker giftig wirken Blei und Quecksilber.

Nach MOORE[1] sind Natriumchlorid, Nickelchlorür, Natriumsulfat und Bariumsulfat ohne Einfluß.

Nach UENO[2] sind von gepulverten (nicht mit Wasserstoff reduzierten) Metallen Nickel, Zinn, Zirkonium, Aluminium und Kupfer ohne Einfluß, Eisen, Zink, Blei und Quecksilber wirken giftig. Kupferhydroxyd, Bor-

---

[1] Ind. and Engin. Chem. **1917**, 451.
[2] Journ. Chem. Soc. Ind. Tokyo **1918**, 898.

säure, Arsenik wirken mehr oder weniger verzögernd, Zinkoxyd und Aluminiumsilicat haben geringe Giftwirkung.

Die Hydrierung wird verzögert durch die Gegenwart der Seifen von Alkali- und Erdalkalimetallen, von Eisen, Chrom, Zink, Cadmium, Blei, Wismut, Zinn, Uran und Gold. Die Seifen von Strontium, Aluminium, Nickel, Mangan, Kupfer, Silber, Vanadium, Thorium und Platin sollen merkwürdigerweise, ebenfalls nach UENO, keinen Einfluß haben.

Nach ELLIS[1] soll die Härtung gänzlich verhindert werden durch die Gegenwart von 1% Bleiseifen. Schwefel, Selen, Tellur und Phosphor vergiften den Katalysator schon in geringster Menge.

Nach SABATIER[2] sollen Spuren von Halogen den Katalysator paralysieren. Diese Angabe dürfte unrichtig sein[3].

Im allgemeinen dürften die Angaben der Literatur über die giftige oder reaktionsverzögernde Wirkung geringer Mengen Fremdsubstanzen auf den Katalysator ebenso übertrieben sein wie die entgegengesetzten Behauptungen über den aktivierenden Einfluß von Zusätzen in der Art des Natriumcarbonats usw. In der Technik findet der Katalysator ständig Gelegenheit, sich durch eine große Reihe der aufgezählten negativen Katalysatoren zu „vergiften“. So enthält der gebrauchte Katalysator recht ansehnliche Mengen Eisen, Schwefel, Phosphor u. dgl. Gifte. Das Eisen stammt aus der Apparatur, der Schwefel und Phosphor aus dem Öl und anderen Quellen. Trotzdem bleibt der Katalysator längere Zeit hindurch aktiv und verliert sein Wasserstoffübertragungsvermögen erst nach zahlreichen Härtungen.

Das Problem ist noch nicht restlos aufgeklärt, die vorhandenen Angaben müssen mit einem gewissen Grad von Vorsicht aufgenommen werden.

2. Verunreinigungen des Öles.

Die neutralisierten, mit Lauge entsäuerten Öle lassen sich wesentlich leichter hydrieren als Rohöle. Daraus wurde gefolgert, daß die Fettsäuren die Hydrierung behindern und vor der Härtung beseitigt werden müssen.

Diese Schlußfolgerung beruht auf einem Irrtum. Reine und gereinigte Fettsäuren beeinträchtigen nicht die Hydrierung der Glyceride. KAILAN und HARDT[4] behaupten sogar, daß sich Ölsäure viel leichter hydrieren lasse als gereinigtes Olivenöl. Das gleiche will vor längerer Zeit KOSS[5] gefunden haben.

---

[1] Ind. and Engin. Chem. **1916**, 886.   [2] Ann. Chim. Phys. **4**, 319 (1905).
[3] GRÜN: Chem.-Ztg. **43**, 803 (1919).   [4] Monatshefte f. Chemie **1931**, 308.
[5] Przemysl Chem. **4**, 39 (1920).

Es wurde ferner nachgewiesen (s. den Abschnitt über selektive Hydrierung), daß in einem Gemisch von Neutralöl und Fettsäuren letztere schneller abgesättigt werden als die Glyceride. Die Gegenwart von freien Fettsäuren im rohen, nichtraffinierten Öl kann demnach nicht die Ursache der negativen Beeinflussung der Hydrierung sein.

Nun werden aber bei der Entsäuerung von Ölen mit Natronlauge nicht nur die Fettsäuren entfernt, sondern auch andere im Öl gelöste Beimengungen, vor allem die Eiweiß- und Schleimkörper, welche Stickstoff, Phosphor und auch Schwefel enthalten. Auch bei der Behandlung der Öle mit Bleicherden werden diese Verunreinigungen von der Erde zurückgehalten. Das mit Lauge und Bleicherde behandelte Öl enthält noch gewisse, teilweise unangenehm schmeckende und riechende Verunreinigungen, die erst bei der Desodorisierung mit Wasserdampf abgetrieben werden. Alle diese Stoffe könnten natürlich reaktionsverzögernd auf die Ölhärtung wirken[1].

Zu dieser Frage liegen nicht viele Untersuchungen vor; als die wertvollste könnte man die von ANDREWS[2] bezeichnen, und auch diese bezieht sich leider nur auf rohen Tran und nicht auch auf rohe Pflanzenöle. Der Einfluß der in rohem Tran enthaltenen Fremdstoffe wurde in der Weise bestimmt, daß der Härtungsverlauf von hochraffiniertem Erdnußöl in reinem Zustande und nach Zusatz der aus dem Tran isolierten Beimengungen verfolgt worden ist.

Ein Zusatz von 2% in üblicher Weise aus Rohtran isoliertem Unverseifbaren zu Erdnußöl hat die Hydrierungsgeschwindigkeit sehr stark herabgesetzt; das Unverseifbare zeigte deutlich die Eigenschaften eines Katalysatorgiftes, indem die Hydrierung nicht nur verzögert wurde, sondern auch früher, d. h. bei einer höheren Jodzahl, zum Stillstand kam.

Der beim Entstearinieren des Rohtrans auf rein physikalischem Wege (Abkühlen und Filtrieren) gewonnene Satz, der nicht nur aus Fett besteht, sondern auch Stickstoffverbindungen u. dgl. enthält, wirkte ebenso giftig auf den Katalysator wie das Unverseifbare. So ging die Wasserstoffabsorption durch Erdnußöl nach Zusatz von 2% Unverseifbarem oder „Stearin" aus rohem Tran von über 500 ccm auf 80 ccm in gleicher Zeit zurück.

Zusatz von 0,3% Lecithin, entsprechend 0,02% Phosphor hat die Hydrierungsgeschwindigkeit des als Standard verwendeten Erdnußöles zwar stark verzögert, ohne aber als ein ausgesprochenes Gift zu wirken,

---

[1] Siehe HEFTER: Technologie d. Öle u. Fette 1. Berlin: Julius Springer. — SCHÖNFELD, H.: Neuere Verfahren zur Raffination von Ölen und Fetten. Berlin 1931. — UBBELOHDE-HELLER: Handb. d. Öle u. Fette, 2. Aufl., 1. Leipzig 1929.
[2] Chem. Trade Journ. **1929**, 277, 302, 351, 369.

d. h. die Wasserstoffabsorption verlief langsamer, kam aber nicht vorzeitig zum Stillstand, wie nach Zusatz des Unverseifbaren.

Zur Prüfung des Einflusses von Schwefelverbindungen wurde Allylsenföl gewählt, weil dieses in zahlreichen rohen Ölen (Senföl, Rüböl) enthalten ist. Der Einfluß der Senföle ist von großer praktischer Wichtigkeit, weil sich bekanntlich Rüböle, auch raffinierte, bei der Härtung sehr verschieden verhalten, was sicherlich mit ihrem Schwefelgehalt in Verbindung steht. Tatsächlich wurde die Härtung des Erdnußöles auf Zusatz von 0,5% Allylsenföl vollständig lahmgelegt.

Giftig wirkte ferner Zusatz geringer Mengen Fischblut, das in rohen Tranen mitunter vorkommen kann.

In Abb. 1 sind die Wasserstoffabsorptionskurven wiedergegeben von

1. rohem Tran,

2. des gleichen Trans nach Entsäuern mit Natronlauge und Bleichen mit Fullererde,

3. des mit Schwefelsäure raffinierten Trans,

4. eines hochraffinierten Dorschlebertrans mit 0,03% freier Fettsäure,

5. des gleichen Öles, aus dem das Unverseifbare, Blut und Albumine, nicht aber die freien Fettsäuren entfernt worden waren.

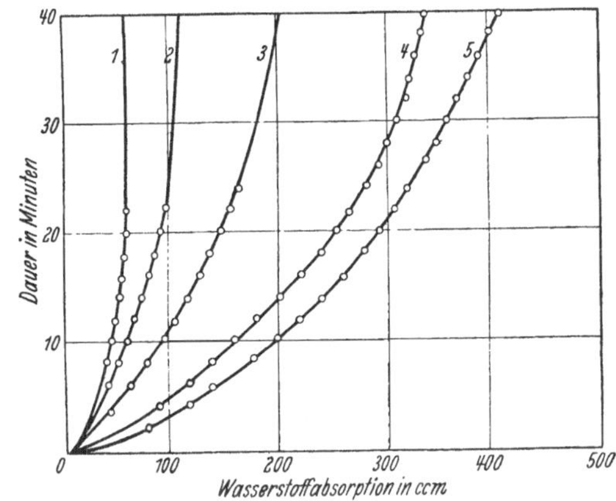

Abb. 1. Hydrierung von rohem und gereinigtem Tran.

Durch Laugenraffination und Bleichung konnte die Hydrierungsgeschwindigkeit etwa verdreifacht werden. Am günstigsten war Vollraffination, jedoch unter Belassung der freien Fettsäuren, wie aus der Kurve 5 hervorgeht, bei der sogar eine noch höhere Wasserstoffabsorption erzielt wurde als bei hochwertigem und hochraffiniertem Lebertran. Die freien Fettsäuren, die nach früheren Behauptungen antikatalytisch wirken sollten, haben demnach einen ausgesprochen fördernden Einfluß.

Die in manchen Tranen enthaltenen Kohlenwasserstoffe (Squalen) sollen auf die Hydrierung ohne Einfluß sein[1].

Zu etwas abweichenden Resultaten kam SSADIKOW[2] bei der Hydrierung von altem Robbentran (SZ. 84), des gleichen Trans nach Behandeln mit Schwefelsäure, Bleichen und Desodorisieren (ohne Entsäuerung),

---

[1] UENO: Journ. Soc. Chem. Ind. Jap. **1918**, 1898.
[2] Shurnal Prikladnoj Chimji **3**, 572 (1930).

des mit Glycerin veresterten Trans, der aus dem Tran im Hochvakuum abdestillierten Fettsäuren und des mit Lauge neutralisierten Trans.

Am leichtesten ließen sich das mit Lauge neutralisierte Öl und die Destillatfettsäuren hydrieren. Es folgte das mit Glycerin veresterte Öl. Wie man sieht, fehlt es da nicht an Widersprüchen.

In der Technik begnügt man sich im allgemeinen entweder mit einer Vorbehandlung mit konzentrierter Schwefelsäure oder meistens mit einer Laugenraffination und Bleichung. Die Bleichung muß nach der Raffination unbedingt vorgenommen werden, weil die sonst im Öl verbleibenden Seifenreste den Katalysator verderben würden. Eine Desodorisation wird erst nach erfolgter Härtung durchgeführt.

Starke Katalysatorgifte sind nach UENO die Alkaloide wie Morphin usw.; ebenso Cyankalium. Veronal übt einen ausgesprochen narkotischen Einfluß auf den Katalysator aus. Im allgemeinen sind Menschengifte negative Ölhärtungskatalysatoren.

3. Die Verunreinigungen des Wasserstoffs.

Man verwendet für die Fetthärtung entweder durch Einwirkung von Wasserdampf auf Eisen u. dgl. hergestellten oder elektrolytischen Wasserstoff oder aber durch katalytische Umsetzung von Wassergas gewonnenen Wasserstoff. Nach ersterem Verfahren hergestellter Wasserstoff ist niemals 100proz., auch nicht nach sorgfältiger Reinigung, und enthält geringe Mengen Kohlenoxyd, Stickstoff usw. Der elektrolytische Wasserstoff kann dagegen beinahe auf 100proz. Reinheit gebracht werden, wenn man die Spuren des in ihm enthaltenen Sauerstoffs auf Kontaktwege verbrennt. Aber auch ohne diese Maßnahme ist elektrolytischer Wasserstoff hochgradig rein und enthält keine Verunreinigungen, welche durch ihre Gegenwart oder Anhäufung im Verlaufe der Härtung die Hydrierung in dem gleichen Maße stören könnten wie Kohlenoxyd.

Die Fremdgase des Wasserstoffs lassen sich nach ihrer Wirkung auf die Katalyse in folgende 4 Gruppen einteilen:

1. Gase, die an sich weder auf den Katalysator noch auf das Öl einwirken. Der reaktionshemmende Einfluß solcher Gase ist lediglich auf die Verdünnung des Wasserstoffs zurückzuführen. Typisches Beispiel: Stickstoff.

2. Gase, die unter dem Einfluß des Katalysators chemischen Umwandlungen unterliegen und dadurch einen Teil seiner katalytischen Kraft für andere Reaktionen in Anspruch nehmen. Typisches Beispiel: Kohlenoxyd.

3. Gase, die auf den Katalysator chemisch einwirken und ihn dadurch vernichten. Typisches Beispiel: Schwefelwasserstoff.

4. Gase bzw. Dämpfe, die auf das Öl chemisch einwirken könnten. Typisches Beispiel: Wasserdampf.

Im rohen, nach dem Kontaktverfahren gewonnenen Wasserstoff sind alle 4 Arten der erwähnten Verunreinigungen enthalten. Nach seiner Reinigung verbleiben als wichtigste Verunreinigungen Kohlenoxyd (und Stickstoff).

In Abb. 2 ist die Wasserstoffabsorption von Öl unter Anwendung von reinem Wasserstoff und von mit 3% Stickstoff verunreinigtem Wasserstoff wiedergegeben[1].

Eine Beimischung von 3% Stickstoff zeigt also bereits eine deutliche Verzögerung der Wasserstoffabsorption, wenn diese auch nicht allzu groß ist. NORMANN[2] behauptet dagegen, daß Stickstoffbeimischung die Hydrierung begünstige (mit einem Optimum bei 40% N_2). Daß ein nur 60% Wasserstoff enthaltendes Gas für die Härtung besonders gut geeignet sein soll, ist recht zweifelhaft. Jedenfalls vermißt man bei

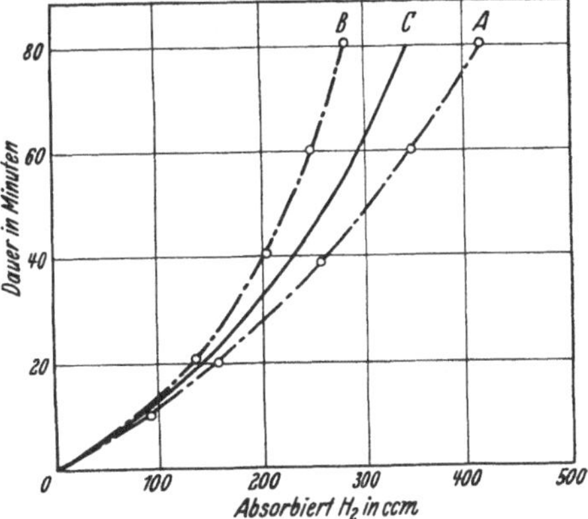

Abb. 2. *A* Absorptionskurve für reinen H_2. *B* Absorptionskurve für 3% N_2 enthaltenden H_2. *C* Theoretische Kurve für mit 3% verdünntes Gas.

NORMANN nähere Angaben. Der Befund steht auch in krassem Widerspruch zu der Tatsache, daß die Hydrierung durch Zunahme der Wasserstoffkonzentration (des Druckes) beschleunigt wird.

Kohlenoxyd beeinflußt die Härtung in zwei Richtungen ungünstig. Erstens, indem es den Partialdruck des Wasserstoffs herabsetzt, also rein physikalisch, ähnlich wie Stickstoff, zweitens aber, weil es in Gegenwart des Katalysators ebenfalls hydriert wird, unter Bildung von Methan und Wasser.

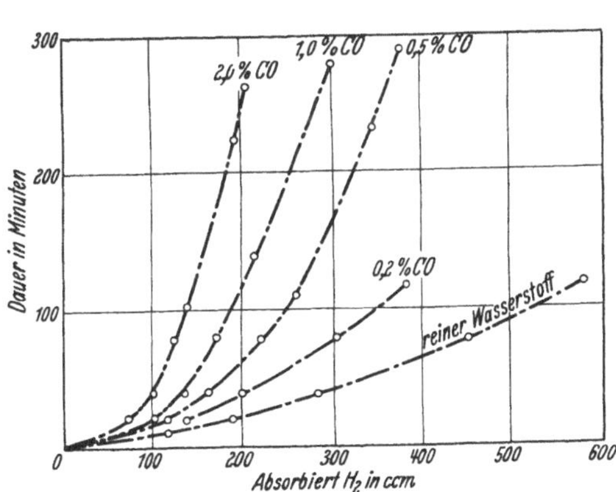

Abb. 3. Hydrierung in Gegenwart von CO.

[1] THOMAS: Journ. Soc. Chem. Ind. **39**, 17 T.
[2] Chem. Umschau Öle, Fette **32**, 262 (1925).

Durch die katalytische Konversion des Kohlenoxyds wird ein gewisser Teil der Aktivität des Katalysators in anderer Richtung verbraucht, und aus diesem Grunde ist der hemmende Einfluß von Kohlenoxyd auf die Geschwindigkeit der Ölhärtung sehr groß.

In Abb. 3 ist die Ölhärtung mit kohlenoxydfreiem und 0,2—2,0% Kohlenoxyd enthaltendem Wasserstoff graphisch dargestellt. Bei den Versuchen mit 0,2—1,0% Kohlenoxyd enthaltendem Gas wurde ersteres gänzlich in Methan umgewandelt. Bei Anwendung eines 2% Kohlenoxyd enthaltenden Gases fand eine 85proz. Konversion statt. Mit zunehmendem Kohlenoxydgehalt nimmt seine Giftwirkung (für jedes weitere Prozent Kohlenoxyd) allmählich ab, was darauf zurückzuführen ist, daß nur eine ganz bestimmte Menge des Kohlenoxyds durch den Katalysator in Methan umgewandelt werden kann; der Rest des Kohlenoxyds fungiert dann nur noch als ein Fremdgas der Gruppe 1, d. h. als Verdünnungsmittel.

Maxted fand, daß die Wasserstoffabsorption durch 10 g Olivenöl in Gegenwart von 0,1 g Nickel innerhalb einer Stunde von 584,5 ccm bei reinem Wasserstoff auf 393,9 ccm in Gegenwart von 0,25%, auf 309 ccm in Gegenwart von 0,5%, auf 235 ccm in Gegenwart von 1% CO und auf 158,8 ccm bei Verwendung eines 2% Kohlenoxyd enthaltenden Wasserstoffgases zurückgeht. Das erste Prozent Kohlenoxyd hat also die Reduktionsgeschwindigkeit um etwa 60%, das zweite nur um etwa 25% herabgesetzt.

Durch die Tatsache, daß hohe Kohlenoxydgehalte nicht in dem gleichen Maße reaktionsverzögernd wirken wie die ersten Spuren und der mit dem Kontakt nicht mehr reagierende Teil nur als Verdünnungsmittel und nicht mehr als ein ausgesprochenes Katalysatorgift wirkt, erklärt es sich, daß man noch hoch unreine, viel Kohlenoxyd enthaltende Gase benutzen kann, wenn sich das auch infolge des sehr langsamen Reduktionsverlaufs praktisch verbietet. So hat Butkowski[1] ein Gemisch gleicher Teile Sonnenblumen- und Cottonöl in Gegenwart von 5% Nickel-Kieselgur mit einem von Schwefelwasserstoff befreiten Wassergas immerhin bis zur Jodzahl 78,3 hydrieren können. Mit reinem Wasserstoff wurde unter gleichen Bedingungen die Jodzahl 35,7 erreicht. Bei der Wassergashärtung kam die Reaktion bei der Jodzahl 78,3 überhaupt zum Stillstand. Der von Butkowski gezogene Schluß dürfte zutreffen, daß das Wassergas zwar ausreichte, um die höher als Ölsäure ungesättigten Glyceride bis zur Ölsäure zu reduzieren, daß aber die wesentlich schwerere weitere Härtung der Ölsäure mit einem hoch kohlenoxydhaltigen Gas nicht mehr durchgeführt werden kann. Ob die Hydrierung bei obiger Jodzahl auch nach Zusatz frischer Kata-

---

[1] Maslobojno Shirowoje Delo **1929**, Nr 2/3.

lysatormengen nicht mehr weitergetrieben werden könnte, hat BUTKOWSKI leider nicht geprüft.

Übrigens hat schon NORMANN in seinem grundlegenden Patent angegeben, daß man zur Härtung von Ölsäure auch Wassergas verwenden könne.

Schwefelwasserstoff vergiftet den Katalysator, indem es ihn in Nickelsulfid verwandelt. Das verwendete Gas darf deshalb keine Spuren von Schwefelwasserstoff enthalten.

Wasserdampf kann die Öle bei höherer Temperatur spalten. Deshalb muß das Arbeiten mit feuchtem Wasserstoff gemieden werden. Merkwürdigerweise fand NORMANN, daß Wasserdampf die Härtung unter Anwendung eines Nickel-Kieselgur-Katalysators begünstige. Bei der Härtung mit Nickelformiat soll dagegen Wasserdampf stören.

Nach Versuchen von KITA, KINO und MAZUME[1] soll Wasserstoff in der Weise aktiviert werden können, daß man ihn vor Einleiten in das Öl durch Lösungen von Ameisensäure, Essigsäure, Propionsäure, Buttersäure usw. streichen läßt.

Stark fördernd soll auch Beladen des Wasserstoffs mit Anilindampf wirken.

Bei Übertragung der hier mitgeteilten Untersuchungen über den Einfluß von Fremdgasen auf die Hydrierungsgeschwindigkeit auf die Großtechnik ist folgendes zu berücksichtigen. Im Laboratoriumsversuch entweicht der überschüssige Wasserstoff, soweit nicht in geschlossener Apparatur gearbeitet wird, ins Freie. In der Technik arbeitet man dagegen stets in geschlossener Apparatur, so daß der Wasserstoff in ständigem Kreislauf dem Öl zurückgeführt wird. Verwendet man also ein unreines Gas, so steigt dessen Verunreinigung dauernd während der Härtung und wird sehr bald so groß, daß die Katalyse gänzlich stillgelegt wird. Der Einfluß geringer Mengen Kohlenoxyd usw. ist deshalb in der Technik viel größer als im Laboratoriumsversuch. Bei Besprechung der Technologie der Ölhärtung wird man auf diese Frage noch zurückkommen.

Einfluß der Herstellungsart auf die Aktivität der Nickelkatalysatoren.

1. Reinnickel- und auf Träger verteilte Nickelkatalysatoren.

Die ersten systematischen Vergleichsversuche über die katalytische Aktivität der Reinnickel- und Nickel-Kieselgur-Katalysatoren wurden von UBBELOHDE und SVANÖE[2] veröffentlicht. Sie verwendeten zum Vergleich

---

[1] Chem. Umschau Öle, Fette **1925**, 262 — Ztschr. f. angew. Ch. **1923**, 389.
[2] Ztschr. f. angew. Ch. **32 I**, 257 ff.

1. einen aus Nickelnitrat durch Reduktion bei 300—310° erhaltenen Reinnickelkatalysator,

2. einen Nickel-Kieselgur-Katalysator nach WILBUSCHEWITSCH (der Bremen-Besigheimer Ölfabriken),

3. einen NORMANNschen Katalysator ähnlicher Zusammensetzung (Germaniakatalysator).

Der Katalysator 2 enthielt 25%, der Katalysator 3 15% Nickel. In Abb. 4 sind die Ergebnisse der einstündigen Härtung von Tran und Cottonöl wiedergegeben (bezogen auf gleiche Nickelmengen).

Der NORMANNsche Katalysator ist dem Reinnickel je nach erreichter Jodzahl 6—12mal überlegen, wenn man gleiche Nickelmengen, und etwa 1,5—4mal, wenn man gleiche Katalysatormengen dem Vergleich zugrunde legt. Tatsächlich läßt sich noch eine viel größere Aktivitätssteigerung durch Verteilung des Nickels auf Kieselgur erzielen. Bei den Versuchen von SVANÖE wurde ein aus reinem Nickelnitrat hergestelltes Nickel mit technischen Nickel-Kieselgur-Katalysatoren verglichen, für deren Herstellung man natürlich nicht reine Nickelsalze, sondern technisches Nickelsulfat angewandt haben durfte. Das Ergebnis wäre sicherlich weit mehr zugunsten des Gurkatalysators ausgefallen, wenn SVANÖE für sämtliche Vergleichsversuche das gleiche Nickel angewandt hätte.

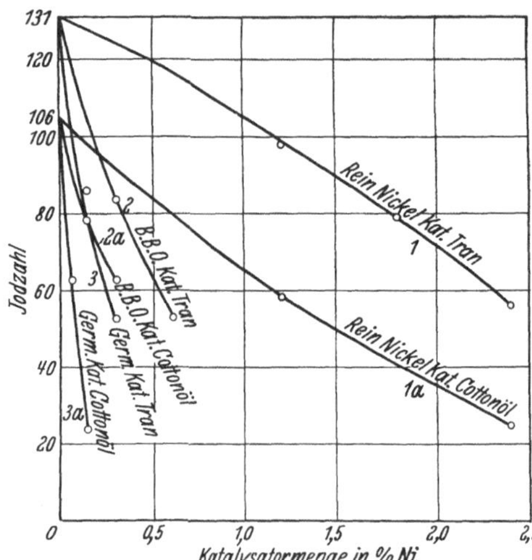

Abb. 4. Wirkungsgrad der Katalysatoren. NORMANN-Apparat.

SOUDBOROUGH, WATSON und ATHAWALE[1] haben folgende Katalysatoren miteinander verglichen:

1. fein verteiltes Nickel, hergestellt durch Auftropfen einer mit Zucker vermischten Nickelnitratlösung auf eine heiße Nickelschale (nach ERDMANN) und Reduktion des sehr voluminösen Nickeloxyds bei 250°;

2. Nickelcarbonat wurde aus Nickelsulfat bei 60° ausgeschieden und der ausgewaschene Niederschlag bei 250° reduziert;

---

[1] Journ. Indian Inst. Sc. **5**, 47 (1922).

3. Nickelcarbonat-Kieselgur wurde zu Nickeloxyd geglüht und bei 250° reduziert (die Reduktion nahm bei der niedrigen Temperatur äußerst lange Zeit in Anspruch);

4. das Gemisch Nickelcarbonat-Kieselgur wurde direkt, ohne vorheriges Glühen, bei 250° reduziert;

5. wie bei 4., aber bei 300° reduziert;

6. Nickelsulfat wurde nach SCHÖNFELD auf Kieselgur mit Borax niedergeschlagen und reduziert.

Die Ergebnisse der Härtung von Cottonöl im Erdmannkolben[1] sind in der Tabelle 7 zusammengestellt.

Für die Versuche wurden stets gleiche Katalysatormengen, nicht gleiche Nickelmengen verwendet. Man sieht, daß die Überlegenheit des Gurkatalysators über Reinnickel viel größer ist als von SVANÖE festgestellt. So ist der Katalysator 5 mindestens 12mal aktiver als 2 und mindestens 20mal wirksamer als 1.

Tabelle 7.

Katalysator Nr.	Jodzahl nach 2 Std.	Jodzahl nach 4 Std.
1	—	62—63
2	66,2—67,8	50—51
3	40—45	18
4	32—33	10—13
5	7	0
6	28—31	4—5

Mit größerer Genauigkeit läßt sich übrigens die Steigerung der Aktivität des Nickels durch Verteilen auf Trägern aus dem einfachen Grunde nicht feststellen, weil es außerordentlich schwierig ist, den Reinnickelkatalysator mit reproduzierbarer Aktivität herzustellen. Die Steigerung der Aktivität des Nickels, die bei dessen Niederschlagung auf Kieselgur usw. zustande kommt, erklärt sich vor allem durch die größere Oberfläche, welche bei der Katalyse eine wesentliche Rolle spielt.

2. Schüttgewicht.

ARMSTRONG und HILDITCH[2] haben die Beziehungen zwischen dem scheinbaren Volumen (Schüttgewicht) verschiedener Nickelkatalysatoren und ihrer Aktivität untersucht (s. Tabelle 8).

Tabelle 8.

Substanz	Spez. Gew.	Scheinbares Vol. ccm	Red. Temp.	Reduziertes Nickel			
				Spez. Gew.	Scheinbares Vol.	Pyrophorität	Aktivität
Geglühtes, gepulv. NiO	6,96	0,35	500	8,14	0,52	keine	keine
Ni(OH)$_2$	5,41	0,87	300	7,85	0,83	ja	schwach
Ni(OH)$_2$	5,41	0,87	500	8,18	0,56	schwach	kaum
Ni(OH)$_2$-Kieselgur . .	1,63	3,22	500	1,85	2,67	keine	sehr aktiv

---

[1] Eine Glasbirne mit am Boden angeschmolzenem Wasserstoffzuleitungsrohr.
[2] Proc. Royal Soc. London A **99**, 490.

Das Nickelhydroxyd hat bei 500° eine starke Sinterung erfahren. Gleichzeitig ging auch die Aktivität stark zurück. Viel weniger schrumpfte das auf Kieselgur verteilte Nickel zusammen, und deshalb war die hohe Reduktionstemperatur ohne Einfluß auf die katalytische Kraft.

3. Reduktion von Nickeloxyden bei verschiedenen Temperaturen.

In Abb. 5 ist der Verlauf der Reduktion von Nickeloxyden bei verschiedenen Temperaturen veranschaulicht. Die Reduktionskurven von Nickelhydroxyd zeigen bei 250 und 300° Knickpunkte bei einem Metallgehalt von 5 resp. 35%, während die Reduktion des Nickelhydroxyds bei 350 und 400° gleichmäßig ohne Knicke bis zu etwa 90% Nickel-

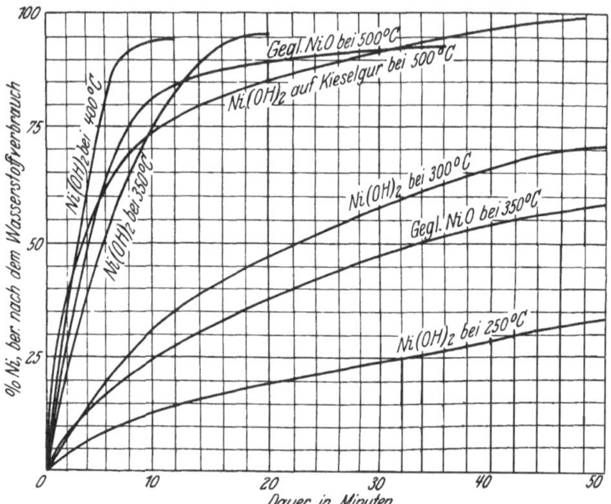

Abb. 5. Reduktion von Nickeloxyden bei verschiedenen Temperaturen.

metall vor sich geht. Das erklärt, warum das bei niederer Temperatur reduzierte Oxyd aktiver ist: Es besteht nur zum Teil aus reduziertem Nickel, das auf dem unreduzierten Teil des Nickeloxyds als Träger verteilt ist. Auch die Reduktionskurve für Nickel-Kieselgur zeigt einen Knick bei ca. 60% Nickelmetall, und ein Katalysator mit diesem Gehalt an reduziertem Nickel zeigt auch die höchste Aktivität, wie aus Tabelle 9 hervorgeht (erhalten bei der Hydrierung von Cottonöl).

Man sieht, daß oberhalb eines Gehalts von 60% Nickelmetall eine Steigerung der Aktivität nicht mehr zu erreichen ist; daß andererseits bei höherem Reduktionsgrad auch keine Aktivitätsabnahme stattfindet, ist ebenfalls der Gegenwart von Kieselgur zuzuschreiben, welche das Sintern des Metalls verhindert.

Zusammenfassend läßt sich feststellen, daß die Verteilung des Nickels auf Kieselgur eine sehr große Aktivitätssteigerung zur Folge hat, daß die Aktivität des Katalysators bei den Gurkatalysatoren wenig, bei Reinnickel in sehr hohem Maße von der angewandten Temperatur abhängig ist. Es wurde ferner gezeigt, daß diese Abhängigkeit der Wirksamkeit des Reinnickels von der Temperatur eine Folge der Oberflächenbeeinflussung ist; je höher die Reduktionstemperatur, desto mehr sintert das Nickel, und deshalb sind die bei hohen Temperaturen hergestellten Katalysatoren weniger aktiv. Es besteht also unzweifelhaft ein Zusammenhang zwischen der Oberflächenbeschaffenheit und der Aktivität des Katalysators. Jedoch ist die Oberfläche nicht der einzige Faktor, der die Aktivität maßgebend beeinflußt.

Tabelle 9. Aktivität von Nickel-Kieselgur-Katalysatoren mit verschiedenem Gehalt an reduziertem Nickel.

Geh. an red. Ni %	Verhältnis: red. Ni/nichtred. Ni	Schmelzpunkt des Hartfettes °
1,89	0,129	37
5,57	0,381	54
7,43	0,508	59
11,80	0,807	60
14,21[1]	0,972	59,5

THOMAS[2] fand, daß auch das auf Kieselgur niedergeschlagene Nickel noch eine gewisse Abhängigkeit seiner Aktivität von der Herstellungstemperatur zeigt und daß allzu hohe Reduktionstemperaturen auch diesen Katalysator vernichten können. Setzt man die Aktivität des bei 250° reduzierten Nickel-Kieselgur-Katalysators = 1, so ist die

des bei 350° reduzierten Katalysators = 1,18
„ „ 500° „ „ = 1,25
„ „ 650° „ „ = 0,23
„ „ 750° „ „ = 0

Es ist auch durchaus nicht gleichgültig, auf welche Weise die Reduktion vorgenommen wird. Reduziert man den Nickeloxyd-Kieselgur-Niederschlag mit Kohle (Zuckerkohle) im Stickstoffstrome, so läßt sich bis 600° nur eine teilweise Überführung in Metall erreichen. Bei 650° ist die Reduktion vollständig. Aber das bei 600° reduzierte Produkt zeigt nur die Aktivität von 0,25, während das bei 650° reduzierte völlig unwirksam ist.

---

[1] Der Katalysator enthielt insgesamt 14,62% Ni.
[2] Journ. Soc. Chem. Ind. **42**, 21T (1923).

4. Kolloidale Nickelkatalysatoren.

Daß die Oberflächengröße für sich allein nicht von entscheidender Bedeutung ist, folgt aus der Tatsache, daß die sog. kolloidalen Nickelkatalysatoren von äußerst geringer Teilchengröße viel weniger aktiv sind als der viel gröbere Nickel-Kieselgur-Katalysator. Solche Katalysatoren sind unter anderem von ELLIS[1] und von RICHARDSON[2] vorgeschlagen worden.

Zur Herstellung des kolloidalen Nickels wurde ein elektrischer Bogen unter destilliertem Wasser zwischen 2 Nickelelektroden gebildet. Das erhaltene Nickel war derartig fein verteilt, daß selbst nach 7 Tagen keine Anzeichen für dessen Koagulation vorhanden waren. Um diesen Katalysator für die Ölhärtung verwenden zu können, mußte die wässerige Dispersion des Nickels mit dem Öl vermischt werden, worauf das Wasser im Vakuum verdampft wurde; hierauf ließ man erst den Wasserstoff einwirken. Der Katalysator zeigte aber nur eine Aktivität von 0,25.

Auch das nach SHUKOW[3] dargestellte Nickelcarbonyl hat eine sehr große Oberfläche. Der Katalysator wird hergestellt, indem man bei relativ niedrigen Temperaturen (unterhalb der Zersetzungstemperatur des Carbonyls) Kohlenoxyd über Nickel streichen läßt; das gebildete Nickelcarbonyl wird durch den Kohlenoxydstrom mitgerissen und in das zu härtende Öl bei höherer Temperatur eingeleitet. Es erleidet dabei eine Zersetzung zu Kohlenoxyd und äußerst fein verteiltem Nickel. Auch dieses zeigt aber nur ein Viertel der Aktivität des Nickel-Kieselgur-Katalysators.

Neuerdings berichtete LEIMDÖRFER[4] über kolloidale Nickelkatalysatoren von erstaunlich hoher Aktivität. Er behauptet ferner, daß in dem gewöhnlichen Nickel-Kieselgur-Katalysator nur die allerfeinsten Teilchen, welche prozentual kaum 10% der gesamten Katalysatormasse ausmachen, eine katalytische Kraft besitzen, während die gröberen Teilchen, also etwa 90% der Masse, einen Ballast darstellen. Bei der Teilchengröße von $^1/_{10\,000}-^1/_{50\,000}$ mm sollen alle Metalle, sogar Aluminium, Chrom und Eisen, hoch aktiv sein. Diese Mitteilungen bedürfen noch der weiteren Bestätigung, namentlich da keine näheren Angaben über die Gewinnung solcher superaktiver Kontakte gemacht werden.

MASCHKILEISSON[5] fand, daß allzu feines Zerkleinern des Nickel-Kieselgur-Katalysators sogar zur Vernichtung seiner Aktivität führen kann. Ein in der PLAUSONschen Kolloidmühle zur Teilchengröße $0.3-5\,\mu$ zerkleinerter Nickel-Kieselgur-Katalysator zeigte nur noch schwache Aktivität; er führt das nicht auf die allzu feine Zermahlung zurück, sondern macht vielmehr folgende Annahme: Das Nickel ist auf

---

[1] Amer. P. 1092206.   [2] Amer. P. 1151045.
[3] DRP. 244823 (1910). — Siehe auch LESSING: Engl. P. 18998 (1912) und 152740.
[4] Seifensieder-Ztg. **1931**, 807.   [5] Maslobojno Shirowoje Delo **1928**, Nr 1.

der Kieselgur nicht als besonders fest haftender Überzug enthalten, so daß es bei allzu feiner Zermahlung von der Kieselgur weggerieben wird; man erhält schließlich ein mechanisches Gemisch von kompaktem Nickel und Kieselgur.

Von den vorgeschlagenen Katalysatorträgern scheint Kieselgur am besten allen Anforderungen zu entsprechen; vielleicht weil sie bei sehr großem Schüttgewicht, d. h. bei kleiner scheinbarer Dichte, nur ein geringes Adsorptionsvermögen besitzt. Aktive Kohlen und Silicagel sind viel weniger geeignet, vermutlich deswegen, weil sie infolge ihres großen Porenvolumens das Metall allzu tief eindringen lassen. Auch der niedrige Preis der Kieselgur macht diese zu einem idealen Träger.

5. Einfluß des B_2O_3 auf Nickelkatalysatoren.

NIELSEN[1] hat die SCHÖNFELDschen, aus Nickelboraten hergestellten Katalysatoren näher untersucht. Der durch Reduktion von neutralem Nickelborat der Formel NiB_2O_4 bei 430° hergestellte Katalysator ist ein braunes lockeres Pulver, das an der Luft keine sichtbare Veränderung erfährt. Nach den Versuchen NIELSENs hat dieses Produkt aber nur geringe katalytische Kraft. In der Tabelle 10 sind die Ergebnisse der einstündigen Härtungsversuche von Tran und Rüböl wiedergegeben, die bei Anwendung verschiedener Nickelkatalysatoren und Nickelboratkatalysatoren mit wechselndem Borsäuregehalt erhalten worden sind.

Der Katalysator Nr. 1 wurde hergestellt durch Reduktion von käuflichem Nickelborat (NiB_2O_4) bei 420°. Nr. 2 wurde durch Reduktion eines basischen Nickelborats, das durch Hydrolyse des neutralen Salzes mit heißem Wasser hergestellt war und 16,4% B_2O_3 enthielt, hergestellt. Nr. 3 stellt einen Katalysator dar, der durch Reduktion von auf Kieselgur niedergeschlagenem Nickelborat erhalten wurde. Der Katalysator

Tabelle 10.

Katalysator	%	Öl	Jodzahl-Abnahme nach 1 Stunde
Nr. 1	1	Tran	15,8—18,0
„ 1	2	„	32,2—39,6
„ 1	2	Rüböl	26,4—30,5
„ 2	2	„	78,1—96,5
„ 6	2,9	Tran	28,6—29,4
„ 3	1	„	50,3—55,1
„ 4	1	„	89,3—93,6
„ 5	1	„	29,5—40,4
„ 5	2	„	70,7—73,6
„ 5	3	„	92,0—100
„ 5a	1	„	70,5—78,5

Nr. 4 wurde hergestellt durch Niederschlagen von Nickelsulfat auf Kieselgur mit einem Gemisch von 3 Teilen Soda und 1 Teil Borax und Reduktion des ausgewaschenen Niederschlagens bei 420°. Nr. 5 ist ein technischer Nickel-Kieselgur-Katalysator der Bremen-Besigheimer Ölfabriken. Nr. 5a

---

[1] Siehe NIELSEN: Diss. Karlsruhe 1920. — UBBELOHDE u. SCHÖNFELD: l. c.

ist ein von NIELSEN laboratoriumsmäßig bei 420° reduzierter Nickel-Kieselgur-Katalysator. Nr. 6 ist ein aus Nickelnitrat gewonnener, bei 300—350° reduzierter Reinnickelkatalysator. Die untersuchten Nickelboratkatalysatoren waren sämtlich unempfindlich gegen Luftsauerstoff. Höchste Aktivität zeigen sie, wenn die entsprechenden Katalysatorgrundmassen ein basisches Borat mit etwa 25% Boratgehalt darstellen. Unterhalb von 25% Borat, mitunter auch etwas oberhalb dieser Grenze beginnen diese Katalysatoren Pyrophorität zu zeigen.

Beachtenswert ist, daß die borathaltigen Katalysatoren bei der Härtung ein höheres Temperaturoptimum zeigen als reine Nickelkatalysatoren[1].

Bei der Härtung von Tran, JZ. 169,4 im NORMANNschen Rührbecher wurden die in Tabelle 11 zusammengestellten Resultate erhalten.

Tabelle 11.

Katalysator %	Dauer Std.	Temp. °	Geh. Fett JZ.[2]
1	1	180	61,9
1	1	240	40,2
1	1	180	64,6
1	40Min.	240	52,9

Die Versuche NIELSENs zeigen, daß man, ausgehend von Nickelboraten, zu Katalysatoren verschiedener Aktivität gelangen kann. Am wirksamsten sind die aus den basischen Boraten reduzierten Metalle, welche durch Ausfällen von Nickellösungen mit einem Gemisch von Soda und Borax dargestellt werden. Die Katalysatoren sind gekennzeichnet durch Unempfindlichkeit gegen Luft, ohne sonst den gewöhnlichen Nickelkatalysatoren überlegen zu sein. Aktivierend wirkt also weder Nickelborat noch die aus diesem bei der Zersetzung gebildete Borsäure; das Borsäureanhydrid scheint einen Überzug auf dem fein verteilten Nickel zu bilden, eine Annahme, die zur Aufklärung der nicht in Erscheinung tretenden Pyrophorität dieser Katalysatoren vollständig ausreicht.

6. Aktivität der in der Suspension mit Öl reduzierten Nickelkatalysatoren.

Diese wurden von SIEGMUND und SUIDA[3] im Vergleich zu trocken reduziertem Nickel untersucht. Geprüft wurden folgende Katalysatoren:

1. Voluminöses Nickeloxyd, hergestellt nach BEDFORD und ERDMANN durch Auftropfen von Nickelnitrat- + Rohrzucker-Lösung auf eine auf schwache Rotglut erhitzte Muffel;

2. metallisches Nickel, dargestellt durch Reduktion des voluminösen Nickeloxyds bei 280—290°;

3. basisches Nickelcarbonat, kobaltfrei;

---

[1] UBBLEDOHE, SVANÖE: l. c.   [2] JZ. = Jodzahl.
[3] Journ. f. prakt. Ch. **199** (N. F. **91**), 442 (1915).

4. Nickelformiat, erhalten durch Lösen von Nickeloxyd, besser basischem Nickelcarbonat, in Ameisensäure und Umkrystallisieren aus schwach ameisensäurehaltigem Wasser. Mit Ausnahme von Nr. 2 wurden sämtliche Katalysatoren durch Reduktion im Ölgemisch erhalten. Die Härtungstemperatur (von Leinöl) war bei sämtlichen Versuchen 230—260°. Die Abb. 6 gibt die Resultate der unter Anwendung jeweils gleicher Nickelmengen ausgeführten Versuche wieder.

Nickelformiat ist demnach der wirksamste Katalysator dieser Reihe. Es ist dem trocken reduzierten Nickel stark überlegen, weniger dem Nickelcarbonat und Nickeloxyd und kaum überlegen einem Gemisch von Nickelcarbonat und Nickel. Zu den Versuchen ist zu bemerken, daß der Vergleich ohne Zweifel zuungunsten des Nickels ausgefallen ist, weil die optimale Härtungstemperatur des [Nickels weitgehend überschritten worden ist. Es wäre richtiger gewesen, die Versuche mit den Nickelverbindungen mit der Hydrierung in Gegenwart metallischen Nickels bei 180° anstatt bei 230—250° zu vergleichen.

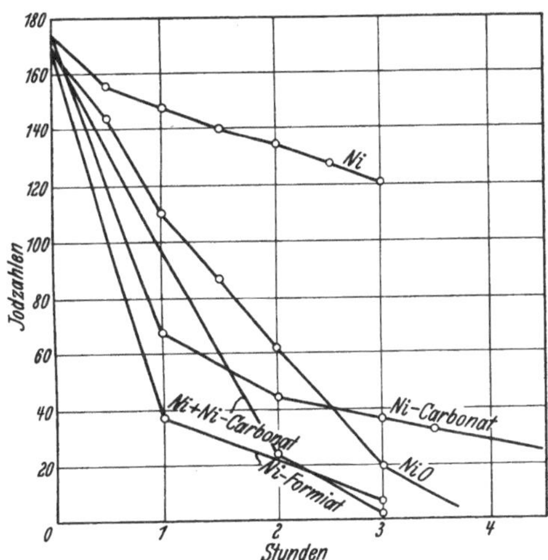

Abb. 6. Wirkungsgrad in Öl reduzierter Nickelverbindungen.

Die Versuche zeigen aber, daß man durch Reduktion von Nickelverbindungen im Öl selbst zu recht aktiven, dem trocken reduzierten Nickel stark überlegenen Katalysatoren gelangt. Eigentümlich ist der geradlinige Verlauf der Kurven bei zu sehr tiefen Jodzahlen. Eine so konstante Reduktionsgeschwindigkeit des Leinöls beinahe bis zur vollständigen Reduktion (s. Nickelformiatkurve in Abb. 6) ist von keinem anderen Forscher beobachtet worden.

Edelmetallkatalysatoren.

Die Katalysatoren der Platingruppe sind für die Ölhärtung ohne Bedeutung, trotz ihrer außerordentlich großen Aktivität. Sie sind an sich den besten Nickelkatalysatoren um ein Vielfaches überlegen, ihr Preis verbietet es aber, sie in der Technik anzuwenden. Näher untersucht sind übrigens nur Platin- und Palladiumkatalysatoren. Ob auch aus den übrigen Metallen der Platingruppe, d. h. aus Osmium, Iridium, Rhodium und Ruteium aktive Fetthärtungskatalysatoren herstellbar sind, ist unbekannt. Osmium ist jedenfalls für die Ölhärtung ungeeignet.

Solange man gezwungen ist, mit pulvrigen Katalysatoren zu arbeiten, nach erfolgter Härtung die Katalysatoren vom Öl abzufiltrieren usw., kann natürlich nicht die Rede davon sein, daß man so teure Substanzen als Wasserstoffüberträger verwendet. Dennoch wurde von verschiedenen Seiten versucht, die Edelmetalle für Ölhärtungszwecke zu verwenden, insbesondere haben sich PAAL und SKITA bemüht, ihre Brauchbarkeit für die Ölhydrierung zu beweisen.

Das Problem ist vorläufig ohne technologisches Interesse. Und da der Hydrierungsprozeß selbst, abgesehen von einer niedrigeren Hydrierungstemperatur und einer kleineren Katalysatormenge, im großen ganzen ebenso verläuft wie die nickelkatalytische Ölhärtung, so kann man sich hier auf die wichtigsten Daten über Herstellung und Wirkung dieser Katalysatoren bei der Ölhärtung beschränken.

Ein bekanntes Verfahren zur Herstellung aktiver Platinkatalysatoren ist die von WILLSTÄTTER und LOEW ausgearbeitete, später von WILLSTÄTTER, WALDSCHMIDT-LEITZ und FEULGEN[1] verbesserte Methode zur Herstellung von Platinschwarz, beruhend auf der Behandlung von Platinchlorür mit Formaldehyd und Alkali. Den Katalysator verwendeten WILLSTÄTTER und MAYER[2] zur Reduktion von Ölsäureestern zu Stearinsäureestern.

Nach FOKIN[3] eignen sich für die katalytische Reduktion besonders solche Metalle, welche mit Wasserstoff unbeständige Hydrüre bilden, also in erster Linie Palladium und Platin, dann Nickel usw. FOKIN nahm an, daß die Katalyse durch den aus dem Metallhydrür abgespaltenen atomaren Wasserstoff zustande komme, eine Annahme, die heute bezweifelt wird. Dagegen besteht wahrscheinlich ein Zusammenhang zwischen dem Absorptionsvermögen der Metalle für Wasserstoff und ihrer katalytischen Aktivität (s. S. 30).

Die Wirksamkeit der nach LOEW hergestellten Platinkatalysatoren ist nach PAAL[4] der Gegenwart von Platin-Hydrosolen zuzuschreiben. Für die Zwecke der Ölhärtung genügt es übrigens, nach PAAL[5] Platinoder Palladiumchlorid einfach im Öl zu suspendieren und einen Wasserstoffstrom bei etwa 80° durchzuleiten, unter Zusatz von Soda zum Neutralisieren der bei der Hydrierung gebildeten Salzsäure; es genügt ein Zusatz von 0,1% Platin bzw. einer noch kleineren Menge Palladium.

---

[1] Ber. Dtsch. Chem. Ges. **23**, 289; **45**, 1472; **54**, 113, 360.
[2] Ber. Dtsch. Chem. Ges. **1908**, 1475.
[3] Journ. Russ. Phys.-Chem. Ges. **38**, 419 (1905).
[4] Ber. Dtsch. Chem. Ges. **1902**, 2195.   [5] Amer. P. 1 023 753.

Z. B. werden 1 Million Teile Ricinusöl oder Ölsäure mit 34 Teilen Palladiumchlorür oder 140 Teilen Platinchlorür oder 172 Teilen Platinchlorid in fein gepulverter Form vermischt und unter einem Überdruck von 2—3 at Wasserstoff bei 80° eingeleitet[1].

Verglichen mit der nickelkatalytischen Härtung stellt dieses Verfahren nur insoweit einen Fortschritt dar, als man die Reaktion bei einer niedrigeren Temperatur durchführen kann. Das Verfahren ist technisch uninteressant.

Erheblich aktiver sind Katalysatoren, welche man durch Herstellung von Metallen der Platingruppe in kolloidaler Dispersion erhält, und welche erstmalig von BREDIG[2] durch Bildung eines elektrischen Bogens zwischen Platinelektroden unter reinem Wasser dargestellt worden sind. Auf diese Weise erhaltene Platinhydrosole sind aber unbeständig und vor allem nicht reversibel, d. h. das zur Trockne verdampfte Sol kann nicht wieder in Lösung gebracht werden.

PAAL und AMBERGER[3] haben gefunden, daß man viel größere Platinmengen in kolloidaler Lösung erhalten kann, wenn man die Reduktion von Platin- oder Palladiumverbindungen in Gegenwart eines Schutzkolloids vornimmt. Als Schutzkolloide eignen sich besonders lysalbinsaures Natrium, das aus Ovalbumin durch Behandeln mit Natronlauge gewonnen wird oder protalinsaures Natrium, das ebenfalls aus Eialbumin hergestellt wird. Zur Gewinnung des kolloidalen Platins wird 1 g Lysalbinsäure in 30 ccm Wasser gelöst, schwach alkalisch gemacht, 2 g Platinchlorid in wenig Wasser zugesetzt und mit Hydrazinhydrat reduziert. Die Lösung wird allmählich infolge des gebildeten kolloidalen Platins tiefschwarz. Zur Entfernung der Elektrolyte wird die Lösung dialysiert und bei niedriger Temperatur im Vakuum verdampft. Es bleiben glänzende Lamellen zurück, die sich in Wasser leicht lösen. Die Methode liefert stabile, reversibel lösliche Hydrosole.

Nach der Methode konnten Hydrosole von Palladium, Platin, Silber, Gold und anderen Metallen hergestellt werden. Das größte Wasserstoffabsorptionsvermögen zeigte kolloidales Palladium; 1 Volumen absorbierte 1000—3000 Volumen Wasserstoff[4]. Ein ähnliches Produkt kann hergestellt werden unter Anwendung von protalbinsaurem Natrium als Schutzkolloid[5].

Die PAALschen kolloidalen Platinpräparate haben den Nachteil, daß sie durch Säuren koaguliert werden. SKITA und MAYER[6] fanden im

---

[1] Vgl. auch SKITA, BOERINGER SÖHNE: Franz. P. 447420 (1912).
[2] Ztschr. f. physik. Ch. **31**, 267 (1895); **70**, 34 (1910).
[3] Ber. Dtsch. Chem. Ges. **35**, 2195, 2206, 2210, 2224, 2435 (1902); **41**, 2273 (1908).
[4] Journ. f. prakt. Ch. (2) **80**, 77.
[5] PAAL, HARTMANN: Ber. Dtsch. Chem. Ges. **43**, 248 (1910).
[6] Ber. Dtsch. Chem. Ges. **42**, 1627; **43**, 3393; **44**, 2862; **45**, 589.

arabischen Gummi, Traganth und Gelatine Schutzkolloide, welche die Herstellung von kolloidalen Platinlösungen gestatten, die auch in Gegenwart von sauren Substanzen beständig sind.

Zur Reduktion aliphatischer Doppelbindungen genügt es nach SKITA[1], den ungesättigten organischen Körper mit Palladiumchlorür in wässeriger oder wässerig-alkoholischer Lösung zu vermischen, als Schutzkolloid Gummi arabicum in der gleichen Menge wie Palladiumchlorür hinzuzufügen und Wasserstoff einzuleiten, wobei die Wasserstoffaufnahme bis zum Schlusse der Reaktion in einer kolloidalen Palladiumlösung erfolgt.

Bei der Hydrierung von Fetten ist ein Zusatz eines Schutzkolloids überflüssig, da die Fette die Rolle des Schutzkolloids übernehmen. Das mit Gummi arabicum als Schutzkolloid hergestellte kolloidale Palladium oder Platin ist reversibel in Wasser und konzentrierter Essigsäure, aber unlöslich in Eisessig.

Mit Gelatine als Schutzkolloid gelang es später SKITA, auch gegen Eisessig beständiges kolloidales Platin herzustellen[2].

Das gleiche gelang KELBERT und SCHWARZ[3] durch Anwendung von Glutin als Schutzkolloid.

BURGUEL[4] reduziert Natriumchloropalladit mit Hydrazinhydrat in Gegenwart von Stärke als Schutzkolloid und erhält Katalysatoren, welche in der Kälte Acetylenbindungen zu Äthylenbindungen reduzieren.

Kalle & Co.[5] stellen kolloidales Osmium auf folgendem Wege her: OsO_4 wird mit einem Schutzkolloid (lysalbinsaures Natrium) und Alkohol vermischt und das Gemisch verdampft. Das gebildete $Os(OH)_4$ wird mit Wasserstoff bei niedriger Temperatur reduziert. Nach SSADIKOW[6] ist $Os(OH)_4$ für die Ölhärtung völlig ungeeignet.

PAAL und AMBERGER haben Organosole der Platingruppe durch Versetzen von beispielsweise Palladiumchlorür mit Wollfett und Behandeln der Mischung mit einer konzentrierten wässerigen Lösung von Kaliumoleat hergestellt. Die Präparate eignen sich zur Fetthärtung[7].

Den Einfluß von Trägern auf die Aktivität von Edelmetallkatalysatoren untersuchten PAAL und CARL[8], PAAL und WINDISCH[9], SABALITSCHKA[10] u. a.

Blei, Cadmium, Zink, Aluminium und Eisen wirken antikatalytisch, wenn sie als Träger für Palladium benutzt werden. Magnesiumoxyd ist ohne Einfluß. Die Aktivität von Platin wurde durch Aluminium,

[1] UBBELOHDE: Handb. Öle, Fette 4, 242.
[2] REICHERT J.: Diss. Freiburg 1921.
[3] Ber. Dtsch. Chem. Ges. 45, 1946 (1912).   [4] Bl. Soc. chim. 41, 1443 (1927).
[5] DRP. 280365, 248525.   [6] l. c..   [7] Kolloid-Ztg. 13, 310 (1913).
[8] Ber. Dtsch. Chem. Ges. 1913, 3069.   [9] Ber. Dtsch. Chem. Ges. 1913, 4010.
[10] Arch. der Pharm. 265, 416 (1927).

Kobalt und Wismut geschwächt und vollständig vernichtet bei Anwendung von Kupfer, Zink, Silber und Blei als Träger für das Edelmetall.

SABALITSCHKA untersuchte die Wasserstoffabsorption von auf Blutkohle, Buchenholzkohle, Bariumsulfat, Kieselgur usw. niedergeschlagenem Palladium. Die Träger für sich allein zeigen ein geringes, aber ausgesprochenes Wasserstoffabsorptionsvermögen; so absorbiert Blutkohle 1,35 ccm, Holzkohle 0,94 ccm, Knochenkohle 0,72 ccm, Bariumsulfat 0,00 ccm, Kieselgur 0,26 ccm Wasserstoff pro 1 g Substanz. Das auf den Trägern verteilte Palladium absorbiert: Palladium-Holzkohle 867 ccm, Palladium-Knochenkohle 2167 ccm, Palladium-Bariumsulfat 3895 ccm, Palladium-Kieselgur 910 ccm Wasserstoff pro 1 g Pd. Die Absorption des Wasserstoffs ist nicht konstant, sie steigt zu einem Maximum, um dann wieder abzunehmen, was mit dem Übergang von amorphem in krystallinisches Palladium zusammenhängen dürfte.

Die Vereinigten Chemischen Werke schlagen Palladium auf einem indifferenten Träger nieder[1]. Als Träger verwenden sie Metalle oder Metalloxyde, welche keine antikatalytischen Eigenschaften haben. Ein Teil Palladium soll genügen zur Härtung von 100000 Teilen Öl. Der Katalysatorverlust beträgt nach den sicher nicht übertriebenen Angaben des Patents 5—7%, in Wirklichkeit wird er 20—25% betragen. Das Verfahren richtet sich also von selbst.

Von theoretischem Interesse ist eine Angabe von WILLSTÄTTER und WALDSCHMIDT-LEITZ[2], daß die katalytische Reduktion mit Platin in Abwesenheit von Sauerstoff unmöglich sei und daß wahrscheinlich ein Superoxyd der eigentliche Wasserstoffüberträger sei. Sie behaupten, daß reines Platin und mit Sauerstoff beladenes Platin als zwei verschiedene Katalysatoren anzusehen seien und das Platinschwarz und sogar kolloidales Platin oder Palladium nicht imstande seien, die Hydrierung zu bewirken, wenn sie vollkommen frei von Sauerstoff sind.

SKITA[3] hat aber gezeigt, daß ein Superoxyd keinesfalls die Ursache der katalytischen Aktivität des Platins sein könne. Mit Katalysatoren, welche unter völligem Abschluß von Luftzutritt hergestellt wurden, konnte bei der Hydrierung von Pulegon usw. kein Unterschied bemerkt werden gegen einen Katalysator, der bei Luftzutritt hergestellt war.

ZELINSKY und TUROWA[4] fanden, daß beim Überleiten von Sauerstoff über ein bei der Hydrierung inaktiviertes Platin oder Palladium Entwicklung von Kohlendioxyd stattfindet. Die Kohlendioxydentwicklung beginnt bereits bei Zimmertemperatur, ist aber am lebhaftesten zwischen 150—250°. Der Katalysator ist dann vollkommen reaktiviert. SKITA

---

[1] DRP. 236488.   [2] Ber. Dtsch. Chem. Ges. **54**, 113; **58**, 563.
[3] Ber. Dtsch. Chem. Ges. **55**, 139.   [4] Ber. Dtsch. Chem. Ges. **59**, 156 (1926).

vermutet deshalb, daß vielleicht durch eine Verbrennung der antikatalytisch wirkenden Substanzen an der Oberfläche des Platins, die wohl unterstützt wird durch eine Auflockerung unter Vergrößerung der Oberfläche des Katalysators, die von WILLSTÄTTER beobachtete Erscheinung zustande gekommen ist.

Wenn sich auch die Angaben WILLSTÄTTERS auf eine sehr große Anzahl von Fällen stützen, so sind sie doch nicht ausreichend, um anzunehmen, daß reine Metalle, sei es Platin oder Nickel, nicht die eigentlichen Wasserstoffüberträger der Ölhärtung seien, und daß man zu der Klärung der katalytischen Wirkung der Metalle die Annahme eines hypothetischen Superoxyds (bzw. eines Suboxyds) machen müsse. Die praktischen Erfahrungen haben längst bewiesen, daß die Hydrierung von Ölen um so glatter vor sich geht, je reiner und sauerstofffreier der Wasserstoff ist, den man zur Ölhärtung anwendet. Auch wurde bei Besprechung der Eigenschaften der Nickelkatalysatoren gezeigt, daß die mitunter fördernde Wirkung von Metalloxyden keinesfalls mit ihrem Sauerstoffgehalt in Zusammenhang steht.

Vielleicht werden die Edelmetallkatalysatoren noch in Zukunft zu einer praktischen Bedeutung kommen, nämlich wenn es gelingen sollte, sie als festgelagerte kompakte Massen, welche die Filtration überflüssig machen, in einem kontinuierlichen Arbeitsverfahren zu verwenden; etwa in weiterem Ausbau der von SCHLINCK[1] und von JURGENS[2] vorgeschlagenen Verfahren, auf deren Beschreibung hier verzichtet werden kann, da sie vorläufig für die Praxis ohne Bedeutung sind.

Solange die Edelmetallkatalysatoren als äußerst feine Pulver oder in Form kolloidaler Dispersionen angewandt werden müssen, kommen sie wegen der unvermeidlichen Substanzverluste und der Schwierigkeit der Überwachung des kostbaren Katalysators für die Technik nicht in Frage.

Die Hydrierungsgeschwindigkeit.

Die Geschwindigkeit der Ölhärtung hängt, abgesehen von der Beschaffenheit des Öles, der Reinheit des Wasserstoffes und der Art des verwendeten Katalysators, noch von einer Reihe von weiteren Faktoren ab, von denen die wichtigsten die folgenden sind:

1. die Temperatur,
2. der Druck (Wasserstoffkonzentration),
3. die Menge des Katalysators,
4. die Rührgeschwindigkeit (Intensität der Verrührung).

---

[1] DRP. 252023.   [2] DRP. 272340.

1. Einfluß der Temperatur.

Man war längere Zeit der Meinung, daß für die Hydrierung der Öle mit Nickel als Katalysator eine Mindesttemperatur von etwa 100° erforderlich sei und daß erst von 160° aufwärts eine praktisch in Frage kommende Hydrierungsgeschwindigkeit zu erreichen sei. Diese Annahme hat sich als ein Irrtum erwiesen. Nicht nur in Gegenwart der hochaktiven Edelmetallkatalysatoren, sondern auch bei Anwendung von Nickel ist die Ölhydrierung bei jeder Temperatur möglich, auch bei Zimmertemperatur. Arbeitet man bei Atmosphärendruck oder bei einem geringen Überdruck von nur wenigen Atmosphären, so ist die Geschwindigkeit der Härtung unterhalb von 100—120° allerdings recht klein. Durch Steigerung des Druckes läßt sich aber die Reaktionstemperatur so weit erniedrigen, daß bei einem Wasserstoffdruck von 150—200 at die Härtung der Öle mit Nickelkatalysatoren selbst bei Zimmertemperatur glatt verläuft, wobei allerdings zu beachten ist, daß die Temperatur nicht unterhalb des Schmelzpunktes des gehärteten Fettes liegen darf. Wird das Öl in Lösung hydriert, so kann man, wie NORMANN gezeigt hat[1], unter hohem Druck jedes Öl beliebig weit härten.

BOSSHARD und FISCHLI[2] haben vor längerer Zeit festgestellt, daß konzentrierte Lösungen von Natriumoleat sich in Gegenwart von Nickel in der Kälte bei normalem Druck bis zum Stearat hydrieren lassen. KELBER[3] fand das gleiche bei der Hydrierung von Lösungen von Zimtsäure und ihren Estern. WATERMAN[4] gelang die Härtung von Leinöl bereits bei 45° unter einem Druck von 150—200 at ohne Anwendung eines Lösungsmittels.

Für die Härtung unter normalem Druck fand MAXTED[5] folgende Beziehungen zwischen Hydrierungsgeschwindigkeit und Temperatur. Die Geschwindigkeit wurde ermittelt durch die Bestimmung der in der Zeiteinheit von Olivenöl absorbierten Wasserstoffmenge. Die bei 80° festgestellte relative Aktivität des Katalysators wurde = 1 gesetzt.

Tabelle 12. Härtungsgeschwindigkeit und Temperatur.

Temperatur °	Relative Aktivität	Temperatur °	Relative Aktivität
80	1,0	180	35,0
100	7,8	200	32,0
120	17,5	225	21,0
140	28,5	250	8,5
160	34,0		

Die günstigste Ölhärtungstemperatur bei gewöhnlichem Druck ist demnach 160—180°, aber schon bei 80° ist die Reaktionsgeschwindig-

---

[1] Ztschr. f. angew. Ch. **1931**, 289.   [2] Ztschr. f. angew. Ch. **1915**, 365.
[3] Ber. Dtsch. Chem. Ges. **49**, 55 (1916).
[4] Rec. trav. chim. Pays-Bas **50**, 279 (1931).
[5] Journ. Soc. Chem. Ind. **40**, 170 T.

keit recht groß und bei 100° sogar für praktische Zwecke ausreichend, soweit man hochgereinigte Öle verwendet.

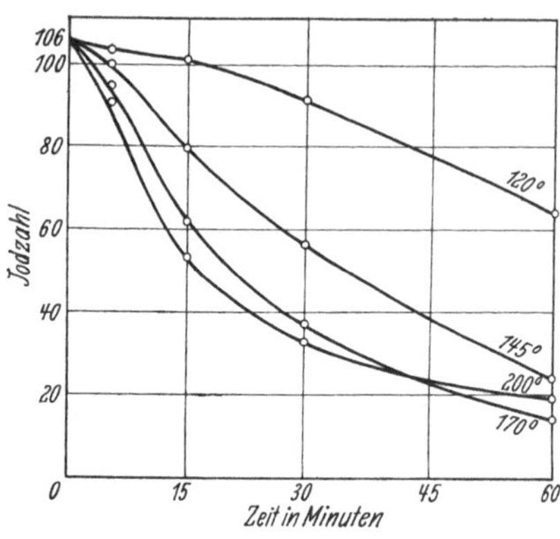

Abb. 7. Temperatur und Härtungsgeschwindigkeit.

Zu ähnlichen Resultaten gelangten Ubbelohde und Svanöe[1]. Abb. 7 zeigt die von ihnen festgestellte Abhängigkeit der Hydrierungsgeschwindigkeit des Cottonöles von der Temperatur.

Nach Thomas[2] ist der Temperaturkoeffizient der Hydrierungsgeschwindigkeit von Triolein (Olivenöl) nicht groß; innerhalb eines Temperaturbereichs von 120 bis 180° erfährt dieser für eine Temperatursteigerung um je 10° eine Zunahme um das 1,13 fache.

2. Einfluß des Druckes
(Wasserstoffkonzentration) auf die Hydrierungsgeschwindigkeit.

Die Abb. 8[3] veranschaulicht die Zunahme der Hydrierungsgeschwindigkeit von Cottonöl im Apparat von Wilbuschewitsch bei

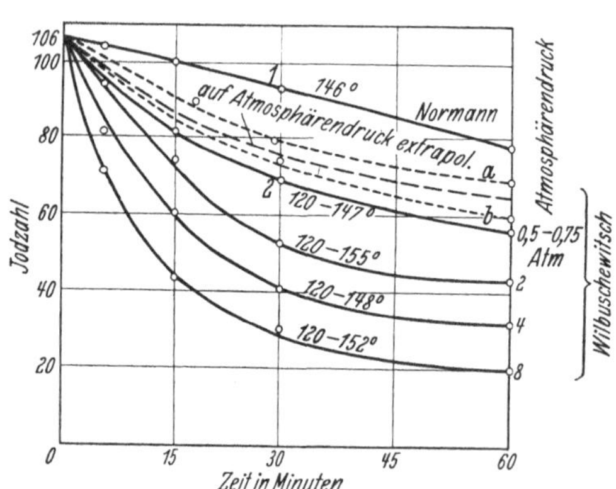

Abb. 8. Druck und Hydrierungsgeschwindigkeit.

zunehmendem Druck (von 0,75—8 at). Die Reduktionsgeschwindigkeit ist also dem Wasserstoffdruck annähernd proportional. Diese Abhängigkeit der Geschwindigkeit der Hydrierung vom Druck ist in späteren Untersuchungen von Moore und van Arsdel[4] bestätigt worden. Sie läßt sich bis zu den höchsten Wasserstoffdrucken hinauf verfolgen.

So haben Ueno und Ueda[5] gezeigt, daß noch bei Steigerung des Druckes von 10 auf 50 at eine starke Zunahme der Hydrierungsgeschwindigkeit stattfindet. In

---

[1] Diss. Karlsruhe 1916.   [2] Journ. Soc. Chem. Ind. **39**, 10 T (1920).
[3] Ubbelohde u. Svanöe: l. c.   [4] Ind. and Engin. Chem. **9**, 541.
[5] Journ. Soc. Chem. Ind. Jap. **34**, 351 B (1931).

gleicher Zeit wurde Sardinenöl bei 50 at zur Jodzahl 8,8, bei 10 at nur zur Jodzahl 78,9 gehärtet.

Bei den extrem hohen Drucken ändert sich aber gleichzeitig auch die Reaktionsrichtung, weshalb die Hochdruckhydrierung von Ölen an anderer Stelle besprochen werden soll.

Zum besseren Verständnis der Beeinflussung der Hydrierung durch die Wasserstoffkonzentration seien hier einleitend die Ergebnisse einer Untersuchung von THOMAS[1] über den Mechanismus der Wasserstoffabsorption durch die ungesättigten Fettsäureglyceride in Gegenwart von fein verteiltem Nickel bei konstantem Druck wiedergegeben.

THOMAS verwendete für seine Versuche Olivenöl, welches 93% Ölsäure- und 7% Linolsäureglycerid enthielt. Das letztere kann theoretisch 13—14% des insgesamt erforderlichen Wasserstoffs aufnehmen, so daß bei der Bestimmung der Reduktionsgeschwindigkeit für das Linolein ein besonderer mathematischer Ausdruck gefunden werden mußte. Die Gegenwart von Fettsäuren mit 2 Doppelbindungen schafft 2 Reaktionsmöglichkeiten:

1. Die Linolsäure wird direkt zu Stearinsäure reduziert. 2. Die Reduktion verläuft unter Bildung von Ölsäure als Zwischenprodukt. In Wirklichkeit werden beide Reaktionen stattfinden können, je nach der Natur des Katalysators, seiner Menge usw.

Bei der Härtung des Olivenöles können sich also folgende Reaktionen abspielen:

Linolein → Olein,

Olein → Stearin,

Linolein → Isoolein → Stearin.

Bezeichnen wir mit a die zur Absättigung des Oleins erforderliche Wasserstoffmenge, mit y die in der Zeit t vom Olein absorbierte Wasserstoffmenge, mit b den zur Absättigung des Linoleins erforderlichen Wasserstoff und mit z den in der Zeit t vom Linolein aufgenommenen Wasserstoff, so ist

$$dy/dt = k_1(a - y)\,, \qquad\qquad (I)$$

darin ist k_1 die Geschwindigkeitskonstante der Reaktion: Olein + Wasserstoff = Stearin.

Analog erhält man die Formel

$$dz/dt = k_2(b - z)\,, \qquad\qquad (II)$$

worin k_2 die Konstante der Reaktion: Linolein + 2 H_2 = Stearin ist.

Aus (I) folgt

$$k_1 = 1/t \, \log a/a - y$$

und

$$y = a(1 - e^{-k_1 t}) \qquad\qquad (III)$$

und analog

$$z = b(1 - e^{-k_2 t});\qquad\qquad (IV)$$

---

[1] Journ. Soc. Chem. Ind. **39**, 10 T (1920).

ist x die Gesamtmenge des in der Zeit t absorbierten Wasserstoffs, so ist

$$x = y + z = a(1 - e^{-k_1 t}) + b(1 - e^{-k_2 t}) \,. \qquad \text{(V)}$$

Aus diesen Formeln läßt sich k_1 und k_2 wie folgt berechnen:

$$a e^{-k_1 t_1} + b e^{-k_2 t_1} = (a + b) - x_{t_1}$$

und

$$a e^{-k_1 t_2} + b e^{-k_2 t_2} = (a + b) - x_{t_2} \,. \qquad \text{(VI)}$$

Setzt man in der Gleichung (VI) $e^{-k_1 t_1} = M$ und

$$e^{-k_1 t_1} = N \,. \qquad \text{(VII)}$$

so erhält man:

$$a M + b N = (a + b) - x t_1 \qquad \text{(VIII)}$$

und

$$a M^2 + b N^2 = (a + b) - x t_2 \,. \qquad \text{(IX)}$$

a und b sind aus den Jodzahlen und den relativen Mengen an Olein und Linolein bekannt, $x t_1$ und $x t_2$ werden experimentell ermittelt.

Zur Nachprüfung der Formeln VIII und IX wurde k_1 und k_2 für $t_1 = 10$ und $t_2 = 20$ Minuten bestimmt und daraus x berechnet und mit dem gefundenen x-Wert verglichen.

Die Übereinstimmung war, wie aus der Tabelle 13 hervorgeht, sehr groß.

Die in der Tabelle angegebenen Werte für k gelten für eine Hydrierungstemperatur von 180°; bei 150° war $k_1 = 0,00587$, $k_2 = 0,030$, bei 120° war $k_1 = 0,00355$, $k_2 = 0,021$. Thomas schließt auf Grund seiner Versuche, daß die Wasserstoffaddition bei konstantem Druck eine Reaktion erster Ordnung ist. (In Übereinstimmung mit Fokin[1].)

Tabelle 13.

Zeit in Min.	x gef. ccm	x ber. ccm	k_1 (Olein)	k_2 (Linolein)
5	66	65	—	—
10	120	120	—	—
20	204	204	0,00884	0,066
30	270	274	—	—
60	433	423	—	—
90	546	530	—	—

Mit wechselndem Druck (von 0,8—1,5 at) nimmt die Hydrierungsgeschwindigkeit nach Thomas im Verhältnis $p^{1,5}$ zu. Weiter folgert Thomas, ebenso wie Fokin, daß bei der katalytischen Hydrierung der Wasserstoff in den atomaren Zustand übergeführt werde.

Armstrong und Hilditch[2] haben in ihrer sehr exakten Arbeit über die Abhängigkeit der Reduktionsgeschwindigkeit vom Druck bewiesen, daß nicht atomarer, sondern molekularer Wasserstoff angelagert wird. Die Geschwindigkeit der Hydrierung ist dem Druck proportional, wobei aber 3 verschiedene Fälle zu unterscheiden sind:

1. Die Hydrierungsgeschwindigkeit ist nur dann einfach proportional dem Druck, wenn die Härtung bei Gegenwart ausreichender Katalysator-

[1] Ztschr. f. angew. Ch. **22**, 1451, 1492.   [2] Proc. Royal Soc. London A **100**, 240.

mengen vorgenommen wird und das zu hydrierende Produkt, abgesehen von den Äthylenbindungen, keine anderen Gruppen enthält, welche eine Affinität zum Katalysator besitzen, aber der Hydrierung nicht unterliegen können.

2. Ist die Katalysatormenge abnorm klein, so wird die Zunahme der Hydrierungsgeschwindigkeit mit dem Druck geringer, als der einfachen Proportionalität entspricht. Komponenten, welche Wasserstoff an sich energischer absorbieren, wie z. B. Linolsäure, zeigen dabei eine geringere Abweichung von der einfachen Proportionalität als schwerer hydrierbare Bestandteile, wie z. B. Ölsäure bzw. deren Glycerid.

3. Enthält das Öl außer der Lückenbildung noch eine Gruppe, die eine Affinität zum Nickel besitzt, aber an sich unter den obwaltenden Reaktionsbedingungen nicht hydrierbar ist, wie z. B. die Carboxylgruppe der Ölsäure, so ist die Zunahme der Reduktionsgeschwindigkeit mit der Wasserstoffkonzentration größer, als nach der einfachen Proportionalität berechnet.

Der Fall 1 wurde an der Hydrierung eines Gemisches von Ölsäure- und Linolsäureäthylester untersucht (s. Tabelle 14).

Tabelle 14. Härtung eines Gemisches von Linolsäure- und Ölsäureester.

Druck at.	H_2-Absorption l/min	Relative Hydrierungsgeschwindigkeit
a) Umwandlung des Linolsäureesters in Ölsäure- + Isoölsäureester (Prooleinphase):		
1	0,8065	1,00
2	1,4495	1,80
3	2,2725	2,83
b) Umwandlung der Ölsäureester in Stearinsäureester.		
1	0,2293	1,00
2	0,4329	1,89
3	0,6665	2,91

Die Hydrierungsgeschwindigkeit des Estergemisches ist also dem Druck streng proportional; das gilt sowohl für die Hydrierung des Linolsäureesters bis zur Phase der Ölsäureester als auch für die weitere Absättigung der Ölsäureester zum Stearinsäureester.

Fall 2. Das Bild ändert sich deutlich, wenn zur Härtung extrem kleine Katalysatormengen angewandt werden, wie aus der Tabelle 15 hervorgeht.

Strenge Proportionalität zwischen Hydrierungsgeschwindigkeit und Druck wird also erst in Gegenwart von mindestens 0,15% Nickel erreicht. Unterhalb dieses Nickelgehaltes ist die

Tabelle 15. Härtung von Leinöl mit extrem kleinen Katalysatormengen.

Ni.	0,050	0,075	0,150	0,05	0,075	0,15
Druck at	H_2-Absorption (l/min)			Relative Hydrierungsgeschwindigkeit		
a) Proleinphase:						
1	0,259	0,321	0,517	1,0	1,0	1,0
2	0,338	0,497	0,968	1,3	1,55	1,87
3	0,450	0,595	1,500	1,74	1,85	2,90
4	0,540	0,773	2,112	2,09	2,41	4,09
b) Ölsäureglycerid zu Stearinsäureglycerid:						
1	—	0,096	0,108	—	1,00	1,00
2	—	0,162	0,236	—	1,69	2,08
3	—	0,230	0,317	—	2,40	2,94

Zunahme der relativen Geschwindigkeit mit dem Druck um so kleiner, je geringer die angewandte Katalysatormenge.

Fall 3 wurde an der Härtung von Ölsäure untersucht. Die Ergebnisse sind in der Tabelle 16 zusammengestellt.

Wie man sieht, ist die Zunahme der Reduktionsgeschwindigkeit mit dem Druck bei der freien Ölsäure sehr viel höher als bei der Reduktion ihrer Ester, was auf die Gegenwart der freien Carboxylgruppe zurückzuführen ist.

Tabelle 16. Hydrierung von Ölsäure und Wasserstoffkonzentration.

% Ni	0,15	0,375	0,15	0,375
Druck at	H_2-Absorption (l/min)		Relative Hydrierungsgeschwindigkeit	
1	0,0471	0,2239	1,00	1,00
2	0,1332	0,5068	2,83	2,26
3	0,2300	0,8378	4,88	3,74
4	0,3073	1,1723	6,53	5,23

In einer Reihe von Untersuchungen über die heterogene Katalyse an festen Oberflächen wird von ARMSTRONG und HILDITCH der Standpunkt vertreten, daß die Funktion des Nickelkatalysators bei der Hydrierung von Äthylenbindungen in folgendem bestehe: Die Gruppe —CH : CH— wird an das Nickel assoziiert, wobei das stark nach links verschobene Gleichgewicht

$$\text{Ni} + \text{—CH}:\text{CH—} \underset{\rightarrow}{\longleftarrow} (\text{Ni}, \text{—CH}:\text{CH—})$$

zustande komme. Dieser Komplex kombiniert sich nun seinerseits mit Wasserstoff zu:

$$(\text{Ni}, \text{—CH}:\text{CH—}) + H_2 \leftrightarrows (\text{Ni}, \text{—CH}:\text{CH—}, H_2) \rightarrow$$
$$(\text{Ni}, \text{—CH}_2 \cdot \text{CH}_2\text{—}) \rightleftarrows \text{Ni} + \text{—CH}_2 \cdot \text{CH}_2\text{—} .$$

Wenn auch gegen diese Hypothese mehrfach Widerspruch erhoben worden und die Existenz solcher Komplexe nicht bewiesen ist, so genügt sie jedoch zur Aufklärung der festgestellten Beziehungen zwischen den Hydrierungsgeschwindigkeiten, dem Druck, der Katalysatormenge und der Natur der zu härtenden ungesättigten Verbindungen, weshalb sie hier Erwähnung fand. Die vielfachen theoretischen Betrachtungen über das Wesen der heterogenen Katalyse sind vorläufig als Arbeitshypothesen bei der Fetthärtung leider noch nicht verwertbar.

Bei Fettsäureglyceriden- und -estern wurde, bei ausreichender Katalysatormenge, einfache Proportionalität zwischen Hydrierungsgeschwindigkeit und Druck festgestellt. Dies kann nur so gedeutet werden, daß der Wasserstoff so wie er ist, d. h. in molekularem Zustande, angelagert wird. Würde der Wasserstoff bei der Hydrierung in den atomaren Zustand übergeführt werden, so müßte einerseits die Zunahme der Hydrierungsgeschwindigkeit der Quadratwurzel des Druckes proportional sein, und andererseits müßte diese Geschwindigkeitszunahme von der Natur der ungesättigten Verbindung unabhängig sein, d. h. Ölsäure müßte sich ebenso verhalten wie ihre Ester.

Daß bei sehr geringem Gehalt an Nickel die Geschwindigkeitszunahme weniger als normal ist, läßt sich ebenfalls auf Grund obiger Hypothese leicht erklären. In diesem Falle ist nämlich der relative Betrag des zum Komplex (Ni, —CH : CH—) gebundenen Nickels größer, d. h. das Gleichgewicht

$$\text{Ni} + \text{CH} : \text{CH} - \; \rightleftharpoons \; \text{Ni}, \; -\text{CH} : \text{CH} -$$

ist mehr nach rechts verschoben, so daß zuwenig Nickel zurückbleibt, um sich mit Wasserstoff zu assoziieren.

Die über das Normale hinausgehende Proportionalität der Zunahme der Reduktionsgeschwindigkeit von freier Ölsäure mit steigendem Druck erklärt sich nach HILDITCH und ARMSTRONG wie folgt:

Die Affinität der Carboxylgruppe zum Nickel wird durch die steigende Wasserstoffkonzentration nicht verändert, während sie gleichzeitig die Tendenz des Nickels zur Bildung der Komplexe erhöht. Folglich muß sie, insbesondere wenn die Affinität zwischen dem Metall und dieser Gruppe größer ist als die zwischen dem Metall und der Äthylenbildung, die Reduktionsgeschwindigkeit mit steigendem Druck anormal stark erhöhen.

3. Einfluß der Katalysatormenge.

Die Hydrierung findet an der Oberfläche des festen Katalysators statt, sie verläuft um so schneller, je größer der Katalysatorgehalt, d. h. je größer die zur Verfügung stehende aktive Oberfläche ist. Selbstverständlich wächst die Geschwindigkeitszunahme mit steigendem Katalysatorgehalt nicht ins Unendliche, schon aus dem Grunde nicht, weil die Löslichkeit von Wasserstoff in Öl eine recht beschränkte ist und der Wasserstoff dem Katalysator nur auf dem Wege über das Öl zugeführt werden kann. Aus der Abb. 9, welche die Abhängigkeit der Hydrierungsgeschwindigkeit von Tran im Normannbecher und im Wilbuschewitschapparat nach SVANÖE[1] wiedergibt, ist zu ersehen, daß bei noch weiterer Steigerung der

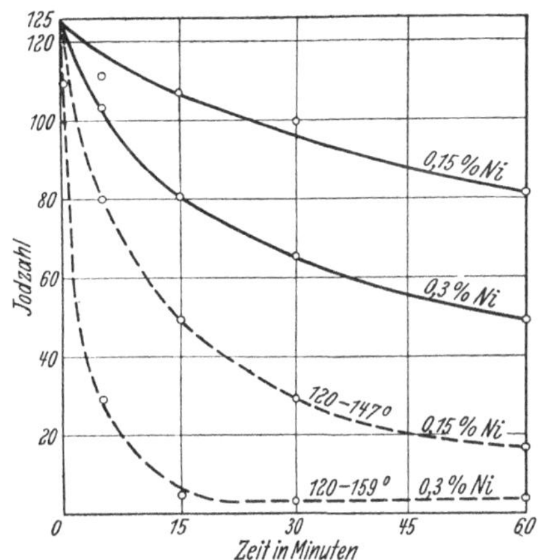

Abb. 9. Hydrierungsgeschwindigkeit und Katalysatormenge.

Katalysatormenge über 0,3% Ni im Wilbuschewitschapparat eine nennenswerte Zunahme der Geschwindigkeit kaum noch zu erreichen wäre.

SCHÖNFELD und NIELSEN[2] haben bei der Reduktion eines hochwertigen Lebertrans im Normannbecher mit 1, 2 und 3% eines 25%

---

[1] UBBLEOHDE, SVANÖE: l. c.   [2] NIELSEN: Diss. Karlsruhe 1920.

Nickel enthaltenden Katalysators bei 180° die stündlichen Jodzahlabnahmen von 33, 72 und 99 erhalten. Bis zu einer gewissen Grenze ist also die Geschwindigkeit der Hydrierung der Menge des Katalysators streng proportional. Wo diese Grenze gelegen ist, dürfte auch von den übrigen Reaktionsbedingungen, also dem Druck, der Rührgeschwindigkeit usw., abhängig sein, auch von der Beschaffenheit des Öles.

<h3 align="center">4. Einfluß der Rührintensität.</h3>

Die Intensität der Vermischung der drei an der Ölhydrierung teilnehmenden Phasen ist für die Geschwindigkeit des Prozesses von allergrößter Bedeutung. Der Katalysator ist gänzlich vom Öl bedeckt und kann nicht unmittelbar mit Wasserstoff in Berührung kommen, sondern muß sich diesen aus der Öllösung heranholen. Die Löslichkeit des Wasserstoffs in Öl beträgt kaum 4,1 Vol.-% [1]. Nun beansprucht aber die Härtung von 1 Volumen Öl durchschnittlich 60—100 Volumina Wasserstoff; schon daraus kann man ersehen, welche große Bedeutung der raschen und gleichmäßigen Vermischung der 3 Komponenten zukommt. Jedes Katalysatorteilchen kann in der Zeiteinheit natürlich nur eine ganz beschränkte Menge Wasserstoff aktivieren und an die Lückenbindung des Öles übertragen.

Bei Behandlung einer Flüssigkeit mit einem festen pulverförmigen Körper, ohne Mitwirkung eines Gases, also beispielsweise bei der Ölentfärbung, ist der Optimalzustand der Verrührung erreicht, wenn das Pulver gleichmäßig im Öl verteilt ist, also keine Teilchen des Entfärbungspulvers zu Boden sinken können. Bei der Hydrierung wäre damit das Optimum noch lange nicht erreicht, denn es muß noch dafür gesorgt werden, daß jedes Ölteilchen dauernd den an den Katalysator abgegebenen Wasserstoff durch Auflösung neuer Wasserstoffmengen ersetzen kann. Aus dieser Überlegung ergibt sich von selbst die zweckmäßigste Art der Vermischung: Sie kann nur in der feinsten Zerstäubung des Öl-Katalysator-Gemisches in der Wasserstoffatmosphäre bestehen. Einfaches Rühren durch ein mechanisches Rührwerk bei gleichzeitigem Durchleiten von Wasserstoff durch das Öl kann nicht die gleiche Wirkung haben, es sei denn, daß das Rührwerk das Ölgemisch nicht nur kreisförmig umrührt, sondern auch zerstäubt, wie dies etwa mit gewissen Rührwerkkonstruktionen teilweise zu erreichen ist. Deshalb ist es nicht weiter verwunderlich, daß in den Zirkulationsapparaten nach Art des Wilbuschewitschapparates, in welchem das Öl-Katalysator-Gemisch in feinster Form in einer Wasserstoffatmosphäre atomisiert wird, größere Geschwindigkeiten erzielt werden als bei Anwendung eines mechanischen Rührwerkes bei noch so großer Tourenzahl.

---

[1] UBBELOHDE, SVANÖE: l. c.

Maßgebend für die Intensität der Härtung ist also die Größe der in der Zeiteinheit vorhandenen Berührungsfläche zwischen dem Öl-Katalysator-Gemisch und dem Wasserstoffgas. Deswegen ist nicht allein die Geschwindigkeit der Rührung von Bedeutung, sondern ihre Art.

Wird z. B. ohne mechanisches Rührwerk gearbeitet und die Verrührung durch Unterleitung eines kräftigen Wasserstoffstromes (nach ERDMANN) bewirkt, so erreicht man nur ein wellenartiges Umwerfen des Öles, so daß die geschaffene Berührungsfläche zwischen den 3 Phasen im Vergleich zu den beiden zuerst genannten Verfahren eine wesentlich geringere ist; deshalb lassen sich bei dieser Art des Mischens, d. h. Umwälzen durch den von unten eingeleiteten Wasserstoff, keine solchen Hydrierungsgeschwindigkeiten erreichen wie bei Anwendung eines mechanischen Rührwerks (nach NORMANN) oder bei Zerstäubung von Öl und Katalysator in einer Wasserstoffatmosphäre (nach WILBUSCHEWITSCH).

In Abb. 10 ist die Härtung von Tran unter Anwendung des Normannbechers und des Erdmannkolbens wiedergegeben[1], das heißt, bei Anwendung eines mechanischen Rührwerks und bei Vermischen durch von unten eingeleiteten Wasserstoff. In dem einen Falle wurden 50 l Wasserstoff, im anderen 360—420 l (für

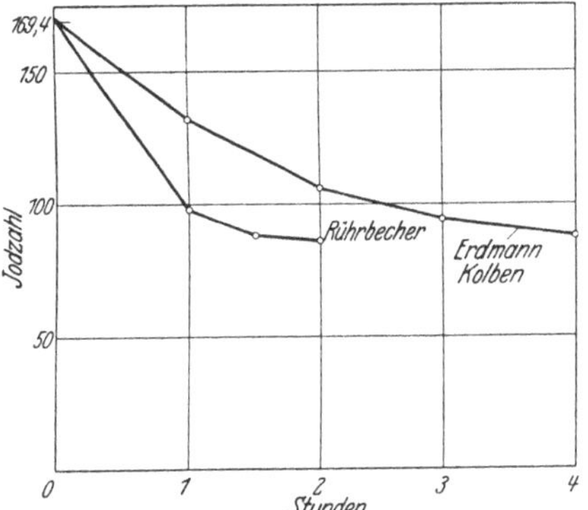

Abb. 10. Härtungsgeschwindigkeit im Normannbecher und Erdmannkolben.

100 g Öl) stündlich durchgeleitet. Beim Durchleiten einer so großen Wasserstoffmenge durch den kleinen Erdmannapparat hat man den Eindruck, die Höchstintensität der Durchmischung erreicht zu haben. Trotzdem bleibt die Geschwindigkeit, wie man sieht, weit hinter der mit dem mechanischen Rührwerk erreichten zurück.

Es sei aber gleich hier bemerkt, daß es in der Praxis der Ölhärtung durchaus nicht notwendig ist, für die idealste Art der Durchmischung zu sorgen, soweit diese eine übermäßige Komplikation und Kostspieligkeit der Apparatur nach sich zieht. Mit jedem der hier kurz skizzierten Verfahren läßt sich bei zweckmäßiger Ausbildung der Apparatur die Härtung gut und glatt durchführen. Eine kurze Zeitersparnis macht noch lange nicht die teuren und komplizierten Apparate und Rührvorrichtungen bezahlt, wie sie mehrfach in der Patentliteratur vorgeschlagen worden sind, und man kommt im allgemeinen mit recht einfachen Mitteln aus.

[1] NIELSEN: Diss. Karlsruhe 1920.

Die technischen Verfahren der Fetthärtung und ihre Apparatur.

Für die betriebsmäßige Ölhärtung kommen grundsätzlich 2 Verfahren in Frage:

1. Das mit pulvrigem Katalysator vermischte Öl wird unter starkem Rühren mit Wasserstoff behandelt. Das Verfahren ist diskontinuierlich.

2. Das Öl und der Wasserstoff werden dem festgelagerten, stationären Katalysator entgegengeführt. Der Katalysator ist nicht pulvrig, sondern auf groben Unterlagen (Bimsstein, Nickelspiralen u. dgl.) verteilt. Das Verfahren ist kontinuierlich.

A. Härtung mit pulverigen Nickelkatalysatoren.

Die nach diesem Prinzip arbeitenden Verfahren sind, vorläufig wenigstens, die einzigen, die praktisch angewandt werden; die Bedeutung der kontinuierlichen Verfahren ist zur Zeit noch gering und beschränkt sich auf kleine Tagesleistungen.

UBBELOHDE[1] teilt die mit pulvrigen Katalysatoren arbeitenden Verfahren in 2 Gruppen ein: 1. Verfahren, bei denen der Katalysator in Öl suspendiert und durch diese Suspension Wasserstoff in Blasen eingeleitet wird (Normannverfahren); 2. Verfahren, bei denen der Katalysator in Öl suspendiert, diese ölige Suspension in feine Tropfen aufgelöst und in einer Wasserstoffatmosphäre verteilt wird (Wilbutschewitschverfahren).

Diese Einteilung ist nicht genügend begründet, da die beiden Verfahren ineinander übergehen können. Auch bei dem ersten Verfahren findet die Härtung nicht nur an der Berührungsfläche des Öl-Katalysator-Gemisches mit den Wasserstoffblasen statt, sondern, da bei Intensivrührwerken nicht nur eine kreisende Bewegung des Öles, sondern auch eine Umwälzung stattfindet, so wird auch beim Normannverfahren die Härtung teilweise durch Zerstäuben des Ölgemisches in der Wasserstoffatmosphäre zustande kommen. Ein grundsätzlicher Unterschied besteht deshalb zwischen den beiden Verfahren nicht, sondern nur ein solcher in der Wirkungsintensität.

Im folgenden sei an einigen typischen Ausführungsformen die Apparatur für die Herstellung des Katalysators und für die Härtung des Öles kurz beschrieben.

Betriebsmäßige Gewinnung der Katalysatoren.

I. Nickel-Kieselgur-Katalysator.

a) Bereitung der Grundmasse. Man verwendet zur Gewinnung des Nickel-Kieselgur-Niederschlages technisch reines Nickelsulfat und technische geglühte Kieselgur. In zwei emaillierten Eisen-, Ton- oder Holz-

---

[1] Handb. d. Öle u. Fette **4**, 199 (1926).

gefäßen werden die erforderlichen Lösungen von Nickelsulfat und Soda bereitet. In einem darunterstehenden, mit Rührwerk versehenen Gefäß wird Kieselgur mit Wasser angerührt und dann die heiße Nickelsulfatlösung, hierauf die ebenfalls heiße Sodalösung unter starkem Rühren zugegeben. Es bildet sich ein Niederschlag von basischem Nickelcarbonat, der auf der Kieselgur gleichmäßig verteilt ist. Dieses Gemisch wird in einer Filterpresse abfiltriert und mit heißem Wasser gründlich ausge-

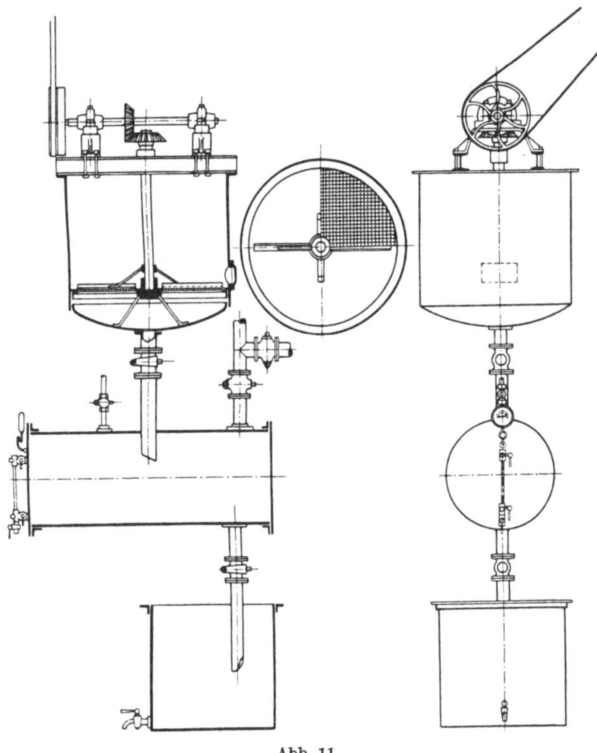

Abb. 11.
Waschvorrichtung für die Katalysatorgrundmasse.

waschen. Hierauf wird der Niederschlag auf Horden oder in besonderen Vorrichtungen getrocknet und gemahlen und schließlich reduziert.

Das Auswaschen des Niederschlages in der Presse macht große Schwierigkeiten; sehr bald entstehen Risse in den Kuchen, durch welche das Wasser hindurchläuft, so daß es sehr lange Zeit in Anspruch nimmt, bis man in der Filterpresse den Nickelniederschlag sulfatfrei ausgewaschen hat. Bessere Dienste leisten Nutschen, und eine besonders zweckmäßige Konstruktion einer solchen scheint die in Abb. 11 abgebildete, von SSOSSENSKI[1] vorgeschlagene zu sein. Die Vorrichtung besteht aus einer

---

[1] Maslobojno Shirowoje Delo **1926**, Nr 7/8, 69.

mit Rührwerk und Doppelsieb versehenen Nutsche. Zwischen den beiden Sieben wird ein Filter fest eingespannt. Der Apparat wird mit Wasser gefüllt, der Niederschlag gut verrührt, und hierauf wird das Wasser abgesogen. Die Operation wird so oft wiederholt, bis der Niederschlag restlos ausgewaschen ist.

b) Apparate zur Reduktion des Gemisches von Nickelcarbonat-Kieselgur. Normann verwendete früher zum Reduzieren des Katalysatorgemisches einen Ofen, dessen Konstruktion in Abb. 12 zu ersehen ist.

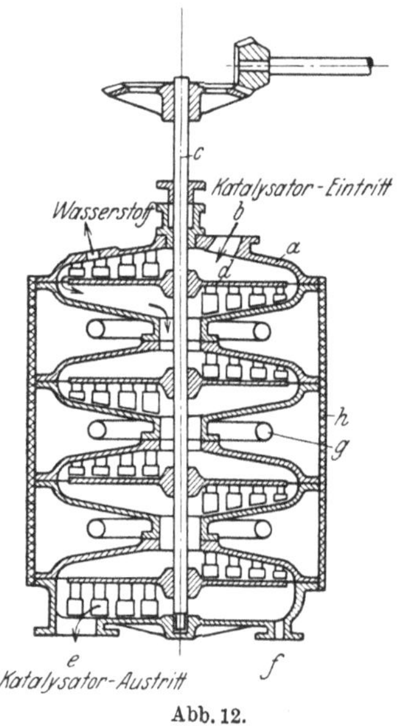

Abb. 12.
Tellerröster.

Der „Tellerröster" gestattet eine fortlaufende Arbeitsweise und besteht nach Schilderung Normans aus mehreren übereinandergelagerten Kammern mit flachovalem Querschnitt, welche in der Mitte durch eine ziemlich weite Öffnung miteinander verbunden sind. Durch diese Öffnungen führt eine drehbare Welle, die in der Mitte einen sich mit ihr drehenden Teller trägt. An der inneren Oberseite jeder Kammer sind schräg stehende Schaufeln angebracht, die den kontinuierlich unter Luftabschluß zugeführten Katalysator von der Mitte des Tellers zum Rande fördern und über diesen herunterwerfen. Auf dem Kammerboden angekommen, wird der Katalysator von einer anderen Schaufelreihe gefaßt, wieder zur Mitte befördert und dort auf den Teller der nächsten Kammer hinabgeworfen und so fort. Ein Wasserstoffstrom steigt dem Katalysator entgegen. Zwischen den einzelnen Kammern liegen ringförmige Gasbrenner zum Beheizen der Kammern. Das Ganze ist mit einem Wärmeschutzmantel umgeben. Dieser Tellerröster ist auf ein geschlossenes, mit Rührwerk versehenes Ölgefäß fest aufgesetzt, in welches der fertige Katalysator hineinfällt und mit dem Öl vermischt wird. Der Apparat kann auch elektrisch beheizt werden.

Man verwendet aber in der Technik nur selten solche kontinuierlich arbeitende Öfen; fast ausschließlich werden Drehtrommelöfen verschiedener Konstruktionen benutzt.

Einer der bekanntesten Drehöfen zur Reduktion der Nickel-Kieselgur-Masse ist der Apparat von Wilbuschewitsch (s. Abb. 13). Der Apparat wird mit einigen Modifikationen von den Francke-Werken A.-G. gebaut.

Er besteht aus einer auf Rollen *m* drehbar angeordneten zylindrischen Retorte *b*, die mit einem Heizmantel *o* versehen ist. In dieselbe wird durch die Öffnung *n* die vorher hergestellte Mischung aus Metallcarbonat mit dem anorganischen Träger gebracht. Die Retorte wird alsdann mittels eines Zahnradgetriebes *q*, das durch Riemenscheiben angetrieben wird, in langsamer Umdrehung auf etwa 500° erhitzt. Nun wird durch das Rohr *a* Wasserstoff in die Retorte eingeführt. Derselbe durchströmt das zu reduzierende Material sowie den an der Retorte angebrachten automatisch wirkenden Staubsammler c, tritt sodann in die Kühlschlange f ein und gelangt von hier aus in die mit Säure und Natronlauge oder sonstigen Reinigungsmitteln gefüllten Gefäße g und g_1 und wird dann durch die Pumpe h wieder in den Betrieb zurückgeführt. Das bei der Reduktion entstehende

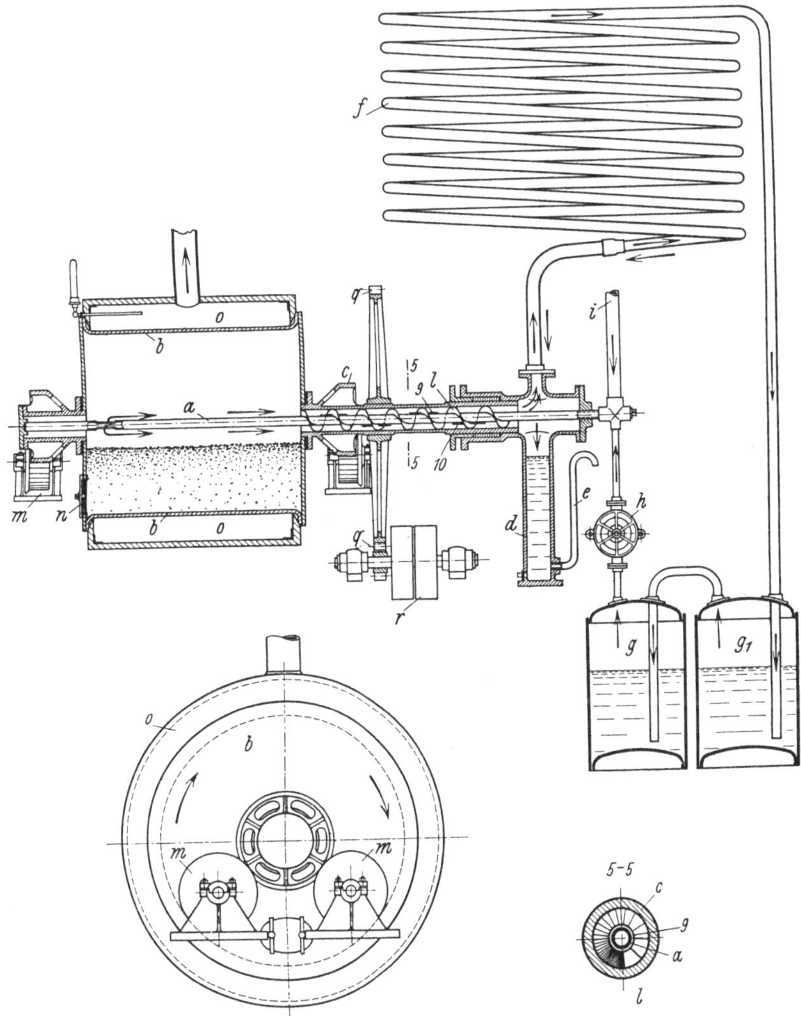

Abb. 13. Reduziertrommel von WILBUSCHEWITSCH.

Wasser, welches zusammen mit dem Wasserstoff entweicht, wird in der Kühlschlange f kondensiert, tropft zurück und gelangt in das Gefäß d, von wo es durch den Heber e abläuft. Die Reduktion ist beendigt, sobald sich im Gefäß d kein Wasser mehr kondensiert. Um zu verhüten, daß der entweichende Wasserstoff Staubteilchen mit sich reiße, ist der automatisch wirkende Staubsammler c angebracht.

Dieser ist mit einer Transportschnecke l versehen. Der Staub geht in der Pfeil-richtung durch die Kammer *10* und den Zwischenraum *9* des Staubsammlers und wird dadurch, daß die Geschwindigkeit des Gasstromes verlangsamt wird, abgesetzt. Er wird durch die Flügel der Schnecke l wieder in die Retorte zurückgeführt.

Einen einfachen Drehofen für die Reduktion des Katalysators be-schreibt ELLIS[1], dessen Konstruktion aus der Abb. 14 zu ersehen ist. Die eiförmige Trommel B dreht sich auf den Rollen C. Nach beendigter Reduktion wird abgekühlt und der unten in der Abb. 14 abgebildete

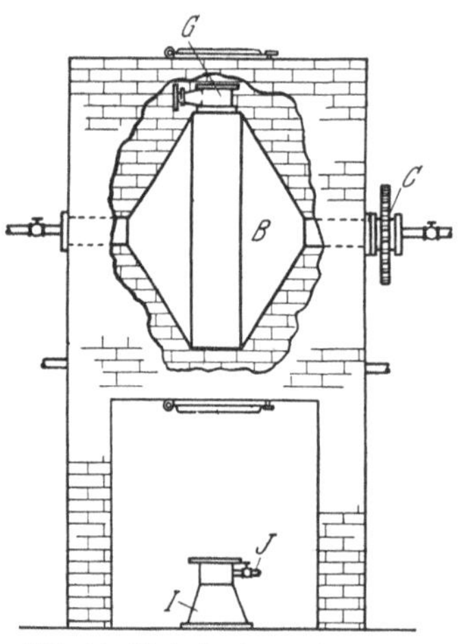

Abb. 14. Reduzierofen nach ELLIS.

Trichter I auf G aufgesetzt und Wasser-stoff eingeleitet, der durch J austreten kann. Man vermeidet auf diese Weise den Kontakt mit Luft bei der Ent-leerung der Trommel. Daß bei dieser Konstruktion der Wasserstoff eine Menge Katalysatorstaub mitreißen wird, unter-liegt keinem Zweifel.

Der Trommelofen von WILBUSCHE-WITSCH hat noch eine große Reihe von Nachteilen, die auch in späteren Kon-struktionen nicht ganz beseitigt werden konnten. Das Füllen und Entleeren der Trommel geschieht nicht auf mechani-schem Wege, sondern durch kleine Öff-nungen, die im Boden und äußeren Man-tel der Trommel angebracht sind. Es ist keine Vorsorge getroffen für hermetischen Abschluß bei der Entleerung der Trommel; man leitet während des Entleerens Kohlensäure durch den Apparat, um den gefährlichen Kontakt mit der Luft auszuschalten, diese Maßnahme bietet aber keine absolute Sicherheit vor Explosions- und Brandgefahr durch Entzündung des Katalysators und Knallgasbildung. Die Vermischung und die Wärmeübertragung ist zwar in den Dreh-trommeln befriedigend, trotzdem kommt in jedem Moment nur die äußere Katalysatorschicht mit Wasserstoff in Berührung. Da bei der Reduk-tion in der Retorte Wasserdampf und auch Kohlendioxyd entsteht, so wird Wasserstoff nur in den oberen Partien der Retorte vorhanden sein, und ein großer Teil des Wasserstoffs wird wirkungslos durch die Retorte strömen. Während der Reduktion können aus der Retorte keine Proben entnommen werden; vor der Entleerung muß natürlich die Trommel vollständig ausgekühlt werden, weil sonst die Gefahr von Knallgasexplosionen besteht. Der größte Nachteil ist aber bei allen diesen Öfen die Unmöglichkeit der Entleerung des luftempfindlichen Katalysators in das Öl bei geschlossener Apparatur.

---

[1] Hydrogenation. 3. Aufl. S. 412. London 1931.

Wolfson[1] will mit seiner Ofenkonstruktion alle diese Nachteile beseitigen. Sein Apparat (Abb. 15) ist zwar sehr sinnreich erdacht, erscheint aber außerordentlich kompliziert durch seine vielen Stutzen, Ventile usw. Der Apparat bleibt bei der Entleerung vollständig geschlossen; diese erfolgt mechanisch, direkt in das Öl, ohne daß es notwendig wäre, die Trommel vollständig auszukühlen und Kohlensäure durchzutreiben. Der Apparat stellt einen konischen eisernen Trommelofen *1* dar, der mit Hilfe von Rollen *2* mittels der Zahnradübertragung *3* in beiden Richtungen drehbar ist. Im linken Teil des Konus sind drei zur Oberfläche der Trommel geneigt gestellte Widerstände angebracht, mit Seitenwänden, die zusammen eine Art Scheibe *4* bilden.

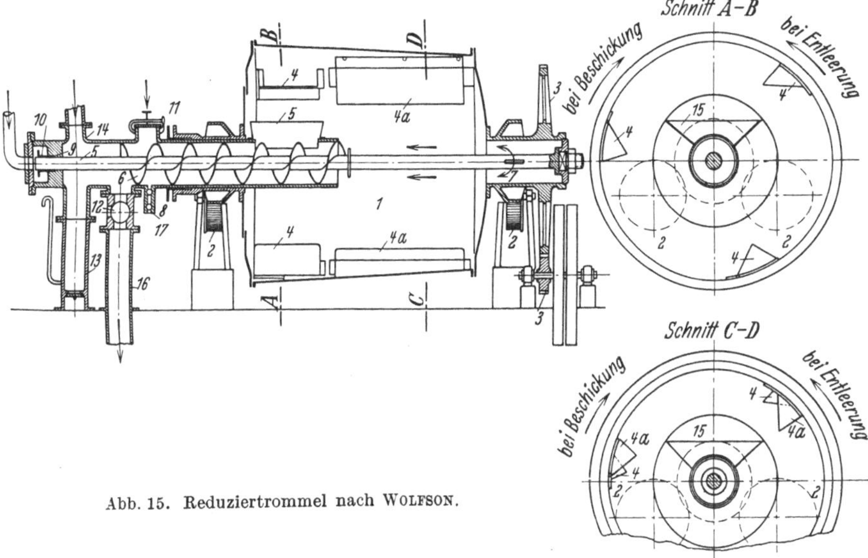

Abb. 15. Reduziertrommel nach Wolfson.

Im rechten Teil der Trommel sind ebensolche Scheiben *4a*, jedoch mit entgegengesetzter Neigungsrichtung, befestigt. Durch die ganze Trommel geht ein hohles Rohr *5*, und an dieses Rohr ist die Schnecke *6* angeschlossen. Durch dieses Rohr wird der Wasserstoff zugeleitet, der durch eine Reihe von kleineren Öffnungen *7* in die Trommel gelangt; der Überschuß wird durch die Schnecke und den Kühler aus der Trommel hinausbefördert. Die Trommel und das Rohr *5* stehen miteinander in fester Verbindung. Bei Umdrehung der Trommel durch das Zahnradgetriebe *3* dreht sich also die Schnecke in der gleichen Richtung. An dem unbeweglichen Rohre *8* sind angebracht die Schmiervorrichtung *9*, die Stopfbuchse *10*, der Füllstutzen *11*, eine Öffnung *12* mit Ventil zum

---

[1] Maslobojno Shirowoje Delo **1928**, Nr 2.

Entleeren, zwei Anschlußrohre *13*, die zum Kondenswassersammler führen, und *14* zum Ableiten des Wasserstoffs und der anderen in der Trommel entstehenden Gase in den Kühler. *13* hat noch am Boden eine Öffnung zum Reinigen. Auf dem Rohr *8* ist ferner die Vorrichtung *17* mit Hähnen vorgesehen, die zur Probeentnahme während der Reduktion dienen. Auf dem Rohr *8* ist, und zwar in dem in die Trommel hineinragenden Teil, der Trichter *15* angebracht. Die ganze Trommel ist mit einem Eisenmantel ausgerüstet.

Zur Füllung der Trommel mit der Katalysatorgrundmasse öffnet man *11* und bringt die Trommel in der Richtung des Uhrzeigers in Drehung. Die Schnecke befördert die Masse in das Innere der Trommel. Diese wird jetzt angeheizt, und nach Austrocknen wird durch *5* Wasserstoff durchgetrieben. Dabei heben die Scheiben *4a* auf der rechten Retortenseite die Masse in den oberen Teil des Ofens und werfen sie dann wieder hinab. In die Schnecke kann dabei die Katalysatormasse nicht geraten, da die Scheiben mehr nach rechts angebracht sind als der Trichter.

Nach beendeter Reduktion und einem mäßigen Abkühlen wird die Drehungsrichtung der Trommel umgekehrt. Jetzt treten die Scheiben *4* in Aktion, die das Material auf den Trichter *15* befördern; die Schnecke wirft jetzt den Katalysator durch das Ventil *12* und das Rohr *16* in das Öl. Infolge Ölverschlusses kann dabei keine Luft in den Apparat gelangen.

Zwecks Probeentnahme während der Reduktion öffnet man beide Hähne bei *17* und leitet kurze Zeit Wasserstoff ein, um die Luft zu verdrängen; darauf schließt man den untersten Hahn und läßt die Trommel so viele Umdrehungen in entgegengesetzter Richtung machen, als die Schnecke Windungen hat. Der Raum *17* zwischen den beiden Hähnen ist dann mit Katalysator gefüllt.

Beim Arbeiten mit Nickelformiat sind natürlich, abgesehen von der Mühle, besondere Apparate für die Reduktion des Katalysators unnötig.

In Abb. 16 ist eine Anlage zur Herstellung des Nickel-Kieselgur-Katalysators schematisch gezeichnet[1]. Die zwei Auflösegefäße sind mit Rührwerken versehen. Das eine dient zur Auflösung des Nickels, das andere zur Bereitung der Sodalösung. Im Fällungsgefäß wird Kieselgur mit Wasser angerührt, die Nickellösung zufließen gelassen und dann die Sodalösung zugesetzt. Der Niederschlag wird in die Filterpresse gepumpt und mit Wasser bis zur Alkalifreiheit ausgewaschen. Die Preßkuchen werden dann auf Horden in dem Trockenofen mittels heißer Luft getrocknet. Hierauf wird die Mischung im Reduzierofen reduziert.

---

[1] Ind. Chem. **1925**, 292.

Nach vollendeter Reduktion wird der Ofen stark ausgekühlt und der Katalysator im Kohlendioxydstrom nach dem Öltank entleert.

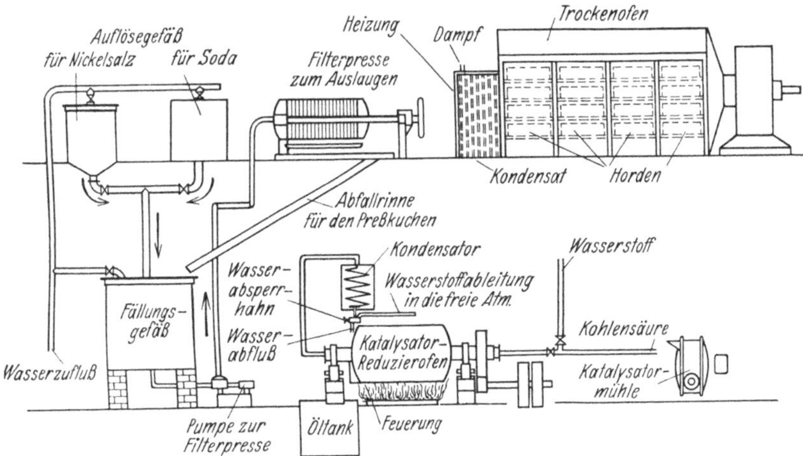

Abb. 16. Anlage zur Herstellung des Nickel-Kieselgur-Katalysators.

II. Die Ölhärtungsautoklaven.

Die Apparate, welche für die eigentliche Ölhärtung vorgeschlagen wurden, haben im Verlaufe der Jahre gewissermaßen eine rückläufige Bewegung durchgemacht. Man begann mit hochkomplizierten, zu Serien geschalteten, teuren Konstruktionen und endete bei sehr einfachen und billigen Autoklaven, die sich bestens bis zum heutigen Tage bewähren.

Die Wichtigkeit der intensiven Vermischung wurde, wie schon früher angedeutet wurde, sehr stark übertrieben. Die Härtung kann in jedem mit gutem Rührwerk, das ein Absinken der Katalysatormasse verhindert, versehenen Kessel glatt durchgeführt werden, man kann auch ohne speziell eingebautes Rührwerk arbeiten, indem man das Gemisch von Öl und Katalysator entweder in der H_2-Atm. umpumpt oder durch Unterleitung von Wasserstoff umwälzt. Letzteres Verfahren ist aber nicht zu empfehlen, der Vorzug ist dem Umpumpverfahren oder den Rührwerk-Apparaten zu geben.

Von den älteren Vorschlägen sei hier nur der Apparat von WIL-BUSCHEWITSCH beschrieben, weil er trotz seiner Kompliziertheit noch praktisch verwendet wird, wenn er auch im Laufe der Jahre eine wesentliche Vereinfachung erfahren hat. Vor allem wird jetzt nirgends mehr mit mehreren serienweise geschalteten Apparaten gearbeitet, sondern die Härtung der Ölcharge in einem einzigen Kessel zu Ende geführt.

Der Apparat ist in Abb. 17 dargestellt.

„Zunächst wird das zu behandelnde Fett in das Gefäß R und der Katalysator, der in Form einer Ölsuspension verwendet wird, in das Gefäß O gebracht, Öl und

Katalysator werden dann durch differential verbundene Speisepumpen A und A_1 in den Mischapparat B gepumpt. Hier findet eine innige Mischung des Öles mit dem Katalysator statt. Diese Mischung tritt dann durch das mit dem Ventil H versehene Rohr G in den einen doppelten Heizmantel besitzenden, im unteren Teil zweckmäßig konisch gestalteten Autoklav I_1 ein. Der Autoklav ist an der Eintrittstelle der Mischung mit Zerstäubungsvorrichtungen C versehen. Diese Zerstäubungsvorrichtungen bestehen zweckmäßig aus einem System von Streudüsen, welche derart angeordnet sind, daß sie die Mischung von Öl und Katalysator gleichmäßig durch den ganzen Raum der Autoklaven ganz fein zerstäuben. Die Streudüsen sind zweckmäßig auswechselbar zum Zwecke der Reinigung angebracht. Der zur Reduktion dienende Wasserstoff

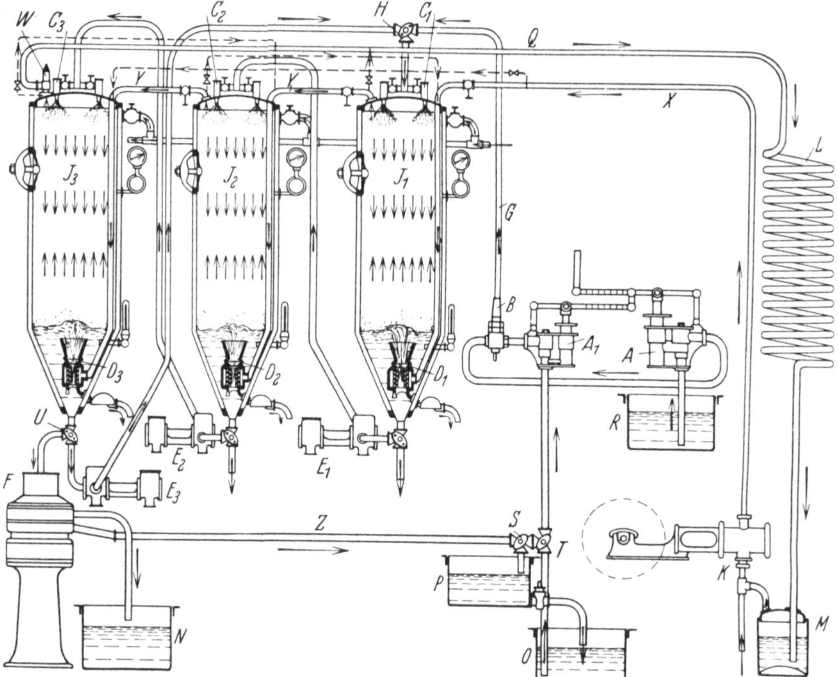

Abb. 17. Härtungsautoklaven nach WILBUSCHEWITSCH.

wird mittels eines Kompressors K durch das Rohr X in den Autoklav geführt, wo er bei D_1 unter einem Druck von etwa 9 at austritt. Die Austrittsöffnung D_1 besteht zweckmäßig aus einer ringförmigen Kammer, in welche der aus dem Rohr X eintretende Wasserstoff hineintritt. Die innere Wandung der Kammer weist ein an jedem Ende offenes Rohr auf und ist mit konischen, schraubenförmig angeordneten Durchbohrungen versehen, welche senkrecht zur Rohrachse gerichtet sind. Der Wasserstoff dringt durch diese Durchbohrungen hindurch und in den Autoklaven ein. Durch diese Vorrichtung wird nach dem Gegenstrom- und Gleichstromprinzip eine äußerst feine Berührung und Emulgierung der Ölmischung mit dem Wasserstoff erreicht. Der Autoklav wird auf etwa 100 bis 160° erhitzt, je nach der Natur des zur Verwendung gelangenden Öles. Die Reduktion wird bereits im oberen Teil des Autoklaven durch den Wasserstoff eingeleitet. Die schon teilweise reduzierte Ölmischung sammelt sich im konischen Teil der Autoklaven an, hier wird durch den entgegenströmenden Wasserstoff die Ölmischung springbrunnenartig durch den Autoklav versprüht, wodurch die Reduktion beschleunigt wird. Die Ölmischung wird dann aus dem konischen Teil des Autoklaven durch die Pumpe E_1 in den zweiten Autoklav I_2 gepumpt. Der Wasserstoff tritt durch das Rohr Y in diesen Autoklav ein. Hier wiederholt sich derselbe Vorgang wie im ersten Autoklav. Es kann eine beliebige Anzahl derartiger Autoklaven hinter- oder nebeneinander angeordnet sein, je nach dem Grade, zu dem die Reduktion getrieben werden soll. Erfahrungsgemäß verwendet man für etwa je 15° Schmelzpunkterhöhung einen Autoklav. Wenn das Öl den gewünschten Schmelzpunkt erreicht hat, was sich durch Probeentnahmen am Autoklav kontrollieren läßt, tritt die Ölmischung durch das Ventil U in die Zentrifuge F. Hier findet durch Zentrifugieren eine Trennung des Öles vom Katalysator statt. Das fertig reduzierte Öl fließt in den Behälter N, während das den Katalysator enthaltende Öl durch das Rohr Z und die Hähne S und T von neuem in den Betrieb gelangt. Anfangs, wenn der Katalysator noch ganz frisch ist, ist nur wenig von demselben erforderlich. Man verwendet zweckmäßig etwa 1% Katalysator. Sobald jedoch im Laufe des Verfahrens seine katalytische Kraft abnimmt, muß entsprechend mehr von demselben verwendet werden. Die Dosierung der Katalysatormenge läßt sich durch entsprechende Stellung der Differentialpumpe erreichen. Ist der Katalysator vollkommen erschöpft, so läßt man ihn durch den Hahn S in das Gefäß P ab. Alsdann wird dem Getriebe durch den Hahn T frischer Katalysator zugeführt. Der Katalysator besteht zweckmäßig aus fein verteiltem, einen anorganischen Träger fest umkleidendem Metall, beispielsweise Nickel, Kupfer, oder einem sonstigen katalytisch wirkenden Metall, welches mit Öl zu einer emulsionsartigen Mischung angerieben ist. Der nicht verbrauchte Wasserstoff geht durch das Rückschlagventil W und die Leitung Q zur Kühlschlange L, wo er gekühlt, von hier in das mit Natronlauge gefüllte Gefäß M, wo er gereinigt und wieder dem Betriebe zugeführt wird.

Der Apparat kann entweder kontinuierlich oder diskontinuierlich arbeiten, je nachdem man die Ventile H und U stellt. Man kann auch entweder alle Autoklaven hintereinanderschalten oder für das Verfahren nur einen einzigen Autoklav benützen. Es ist aber dann zur Durchführung des Prozesses eine entsprechend längere Zeit erforderlich. Das Verfahren kann in mehreren Stufen entweder unter wachsendem oder fallendem Druck ausgeführt werden. Statt der Zentrifuge können auch Filterpressen verwendet werden, und zwar zweckmäßig zwei, die mit Heizung versehen sind. Alle Apparate, die mit Öl in Berührung kommen, seien gut isoliert. Sollte die Temperatur im Autoklav zu hoch werden, so wird in den Heizmantel kaltes Wasser eingeführt, bis die gewünschte Temperatur wieder erreicht ist."

Nach diesem Prinzip der Zirkulation wurde zuerst in den Bremen-Besigheimer Ölfabriken gearbeitet. Die Härtung geht in solchen Apparaten sehr schnell vor sich, sie erfordert aber infolge des dauernden Umpumpens viel Kraft; auch ist der Verschleiß des Pumpenmaterials durch die harte Kieselgur zu befürchten. Zweckmäßiger ist es, den Wasserstoff durch ein einfaches Rohr und nicht durch die Düsen einzuführen; letztere verstopfen sehr oft und müssen dann gereinigt werden. Auch mit dem Druck ist man heruntergegangen, man arbeitet jetzt mit einem Überdruck von 2—3 at, was natürlich die Apparatur wesentlich vereinfacht.

Abb. 18 zeigt einen Ölumpumpautoklav der Francke-Werke.

Die Firma Borsig benutzt zum Umwälzen die Mammutpumpe (Abb. 19). Das Gemisch von Katalysator und Öl wird hier zusammen mit dem durch e und d eintretenden Wasserstoff durchgewirbelt.

Nach dem Prinzip der Zirkulation ist auch der Härteapparat von MAXTED-THOMPSON erbaut[1] (Abb. 20 u. 21).

Der Apparat wird mit Öl gefüllt und mittels der Pumpe D in der Pfeilrichtung in Zirkulation gebracht, d. h. nach oben durch den Apparat und abwärts durch das Außenrohr. Wasserstoff und Öl-Katalysator-Gemisch zirkulieren also mit hoher Geschwindigkeit im Gegenstrom.

Abb. 18. Härtungsautoklav der Francke-Werke A.-G.

Der zentrale, die beiden Kessel verbindende Teil A enthält eine Reihe propellerartig konstruierter Widerstände, die eine Umwälzung des Öles in beiden Richtungen des Uhrzeigers hervorbringen, wodurch die Intensität der Vermischung noch verstärkt wird. Nach den Angaben von ELLIS soll dieser Apparat vielfach Anwendung finden. Auf dem europäischen Kontinent dürfte dieser Apparat kaum in Gebrauch sein.

Die mit einfacher Wasserstoffumwälzung, ohne Rührwerk arbeitenden Apparate brauchen keine Stopfbuchsen, sind deshalb am einfachsten

---

[1] Entnommen aus ELLIS: Hydrogenation. 3. Aufl. London 1931.

abzudichten und auch sonst am einfachsten konstruiert. Jedoch arbeiten sie viel langsamer als mit Rührwerk versehene Autoklaven, diese wiederum sind wesentlich einfacher gebaut als die Vorrichtungen mit Ölzirkulation.

Abb. 22 zeigt einen mit Taifunrührwerk versehenen Härtungsautoklaven der Bamag-Meguin A.-G. Für die Härtung mit Nickelformiat.

Zum Heizen der Apparate verwendet man, je nach dem Verfahren, einfachen Kesseldampf (Heizmantel) oder, falls bei Temperaturen von 230° gearbeitet wird (Formiatverfahren), Heißwasserheizung oder Hochdrucksattdampfheizung. Außerdem muß auch Wasserkühlung vorgesehen werden, da häufig, namentlich bei der Härtung hoch ungesättigter Öle die Temperatur sehr hoch ansteigt. In Rußland wird noch häufig einfache Feuerheizung benutzt.

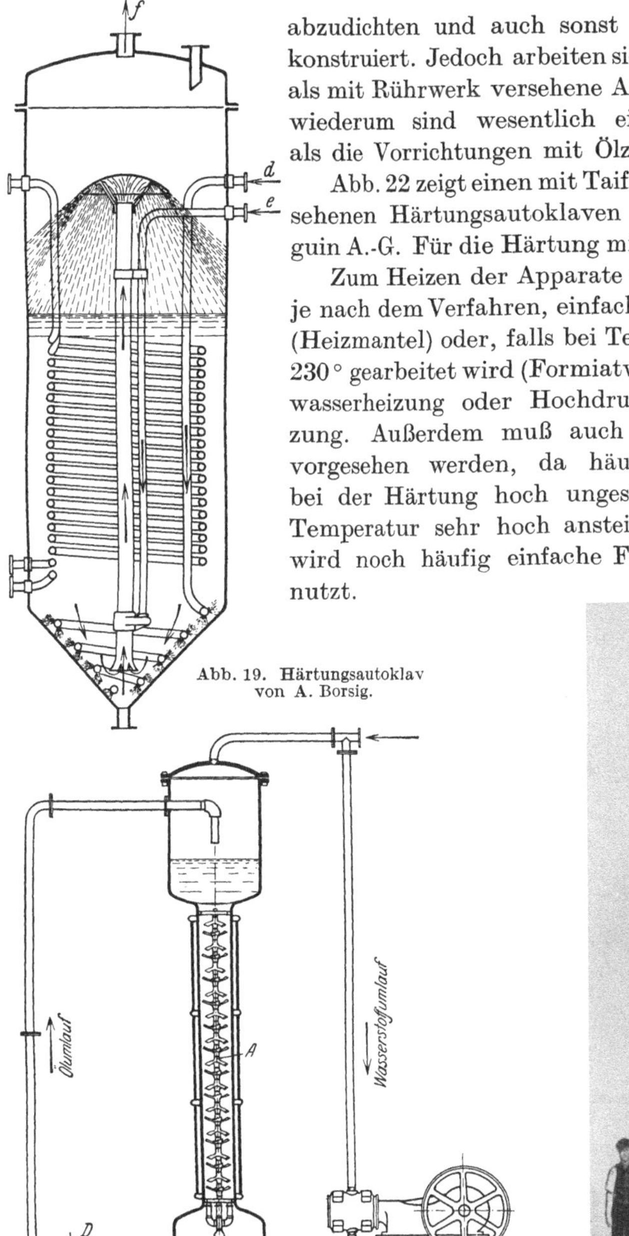

Abb. 19. Härtungsautoklav von A. Borsig.

Abb. 20. Zirkulationsapparat von Maxted-Thompson.

Abb. 21.

Nach Füllen des Apparates mit dem Gemisch von Öl und Katalysator läßt man zunächst Wasserstoff frei hindurchströmen, um die Luft aus dem Apparat zu vertreiben; natürlich kann die Luft auch durch Evakuieren entfernt werden. Sobald die Luft vertrieben ist, läßt man den Wasserstoff unter einem Druck von 2—3 at durch den Apparat zirkulieren. Der austretende Wasserstoff wird abgekühlt, um die mitgerissenen Fettsäuren zu kondensieren, man läßt ihn dann durch verschiedene Reinigungsvorrichtungen mit Ätzkali usw. gehen und leitet ihn in den Härtungsautoklaven zurück. Zum Trocknen des Wasserstoffs kann man auch Silikagel verwenden oder man kann auch das Wasser durch Kompression entfernen; bei 30 at Druck lassen sich durch Kompression ca. 95% der im Wasserstoff enthaltenden Feuchtigkeit beseitigen, so daß die Trockenvorrichtungen weitgehend geschont werden. Der gereinigte Wasserstoff wird hierauf in den Hauptkreislauf zurückgepumpt, wobei der vom Öl absorbierte Wasserstoff durch frischen ersetzt wird.

Die Härtung beginnt meistens bei einer Öltemperatur von etwa 150°, die Temperatur steigt oft ohne weitere Wärmezufuhr von selbst weiter, bei manchen Ölen, z. B. bei Leinöl, mitunter bis

Abb. 22.   Härtungsautoklav der Bamag-Meguin A.-G.

auf 300°. So hohe Temperaturen müssen natürlich durch Kühlung vermieden werden; ein allzu starkes Drosseln des Temperaturanstiegs ist aber unrationell, da man damit die Geschwindigkeit des Prozesses allzu sehr herabdrückt.

Ist der erwünschte Schmelzpunkt erreicht, so stellt man den Wasserstoffumlauf ab, läßt entsprechend abkühlen und filtriert das Öl durch eine Filterpresse. In den meisten Fällen ist noch eine Nachraffination des Öles notwendig, da bei der Härtung das Öl einen eigentümlichen, unangenehmen Geruch annimmt, der durch Behandeln mit überhitztem Wasserdampf (Desodorisierung) beseitigt werden muß. Auch die Fettsäure erfährt eine geringe Zunahme, vermutlich infolge der Einwirkung von Kieselgur und Feuchtigkeit auf das Öl.

Arbeitet man mit Nickelformiat, so ist die Apparatur für die Reduktion des Katalysators überflüssig; diese wird im Härtungsautoklav selbst vorgenommen. Man verwendet hierzu einen kleinen Härtungskessel, in welchem ein Gemisch von Öl mit etwa 10% Nickelformiat im Wasserstoffstrome oder im Vakuum auf etwa 230—240° erhitzt wird. Die Zersetzung beginnt bei 190°, die ursprünglich grüne Farbe des Formiats geht allmählich in Grau, später in Schwarz über. Der Prozeß dauert einige Stunden. Nach erfolgter Reduktion und Abkühlung filtriert man den Katalysator vom Öl ab oder man verdünnt noch weiter mit Öl und pumpt einen Teil des Öl-Katalysator-Gemisches in den eigentlichen größeren, sonst aber genau so konstruierten Härtungsautoklav.

Da die mit gewöhnlichem Kesseldampf erreichbaren Temperaturen für die Heizung auf 230° nicht ausreichen, so verwendet die Bamag für die Heizung der Autoklaven gesättigten Hochdruckdampf, der nach ihren Erfahrungen die wirtschaftlichste Heizungsart für höhere Temperaturen ist. Der Dampf wird in einem Hochdruckdampfentwickler erzeugt und ist dadurch gekennzeichnet, daß er ohne Überhitzung Temperaturen bis ca. 375° und Drucke bis zu 225 at annehmen kann. Der erzeugte Dampf strömt in die Heizschlangen des zu heizenden Apparates, gibt dort seine Verdampfungswärme ab, das Kondensat strömt in den Hochdruckdampfentwickler zurück, wo es wiederum in gesättigten Hochdruckdampf übergeführt wird.

In Abb. 23 ist eine komplette Hartfettanlage für das Nickelformiatverfahren wiedergegeben. Auf die Schilderung weiterer Ölhaltungsanlagen wird verzichtet; es sei hier nur auf die ausgezeichnete Zusammenstellung und bildliche Darstellung von Apparaten und Anlagen zur Ölhärtung von NORMANN[1] verwiesen.

Zu den 3 Arten der Umrührung, wie sie hier kurz geschildert worden sind, ist folgendes zu sagen.

Das Zirkulationsverfahren, eingeführt von WILBUSCHEWITSCH, arbeitet zwar sehr schnell, erfordert aber mehr Kraft als die übrigen Verfahren; auch die Abnutzung der Pumpen durch die harte Kieselgur wirkt störend. Die Apparatur ist kompliziert, das Umpumpen von Öl und Wasserstoff macht die Einhaltung des Druckes auf konstanter Höhe schwierig usw.

Das Umwälzen mit Wasserstoff allein, ohne Rührwerk, ist weniger zu empfehlen. Die Härtung dauert länger, die Wasserstoffausnutzung

---

[1] Chem. Apparatur **12**, 2, 15, 21, 34, 42, 63 (1925).

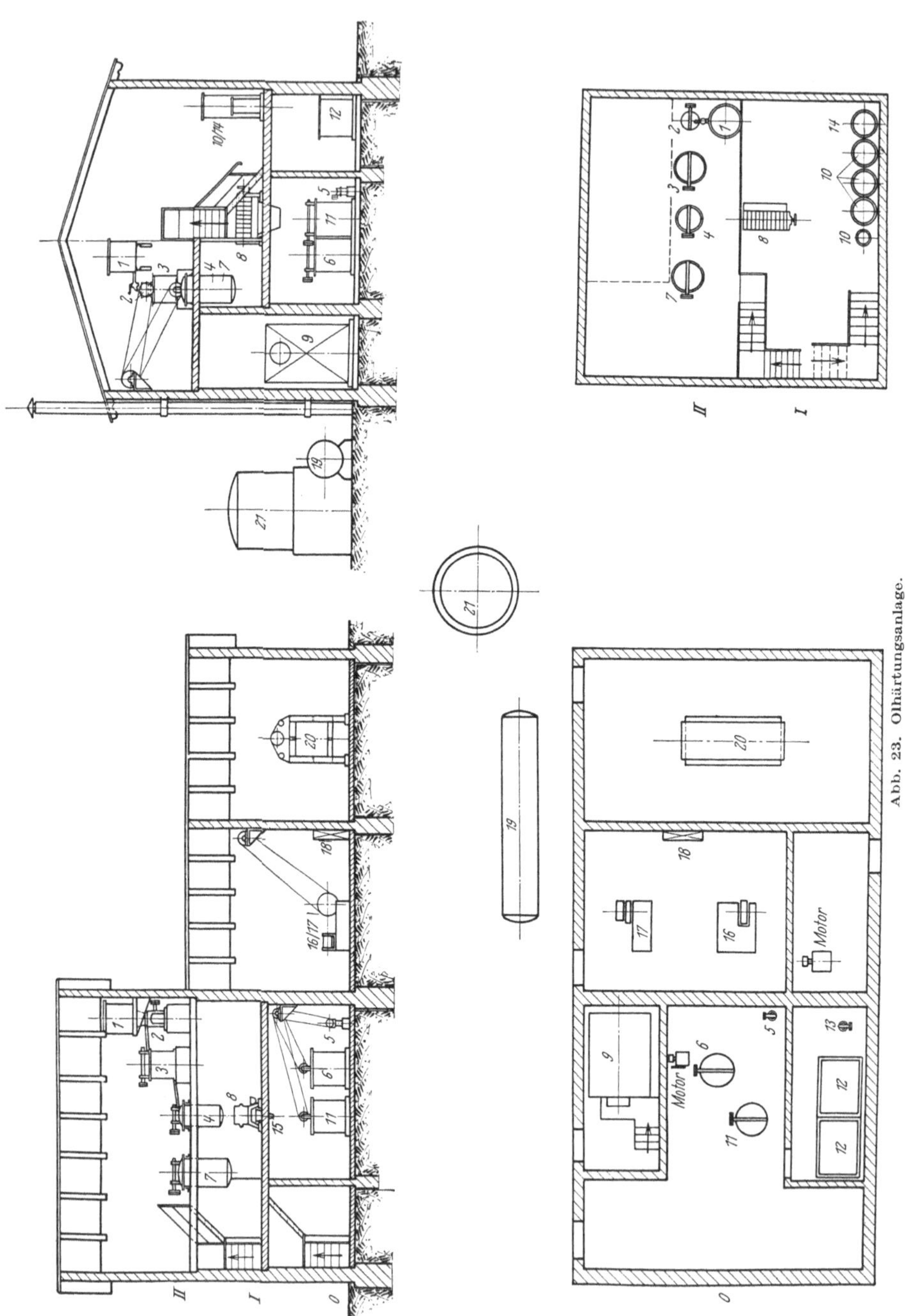

Abb. 23. Ölhärtungsanlage.

ist infolge der längeren Reaktionsdauer und der Notwendigkeit, mit einem heftigen Wasserstoffstrom zu arbeiten, geringer. Die Art der Rührung ist naturgemäß wenig gleichmäßig, die ganze Arbeitsweise also weniger übersichtlich und zuverlässig.

Am besten kommt man mit den mit Intensivrührwerken versehenen Autoklaven aus. Die Apparate sind wenig kompliziert, die erreichbare Geschwindigkeit völlig ausreichend.

Aber grundsätzlich läßt sich mit allen 3 Systemen arbeiten, sie beeinflussen höchstens die Dauer des Prozesses, nicht aber sein Wesen.

III. Der Wasserstoffumlauf.

Von allergrößter Wichtigkeit für das Gelingen des Prozesses und die störungslose Betriebsführung ist die Reinheit des zur Härtung verwendeten Wasserstoffs.

Arbeitet man mit reinem, ca. 100 proz. Wasserstoff, wie er elektrolytisch sich tatsächlich herstellen läßt, so vereinfacht man damit den gesamten Prozeß der Härtung ganz außerordentlich, und zwar nicht nur, weil dann das Nickel eher seine volle katalytische Kraft entfalten kann, sondern auch deswegen, weil das zirkulierende Gas während des ganzen Härtungsverlaufs im geschlossenen System verbleiben kann, ohne daß es notwendig wäre, es zeitweise abzublasen.

Verwendet man nach dem Kontaktverfahren hergestellten Wasserstoff und sorgt nicht dafür, daß dieser dauernd die bei einiger Sorgfalt erreichbare Höhe von über 99% Reinheit besitzt, so ist das Arbeiten schwieriger. Von dem zirkulierenden Gas nimmt natürlich das Öl nur den reinen Wasserstoff auf, während die Verunreinigungen, Kohlenoxyd, Stickstoff, sich in dem Zirkulationsgas immer mehr und mehr anreichern. Im Maße der Kohlenoxydanreicherung sinkt die Härtungsgeschwindigkeit, und erreicht das Gas einen Kohlenoxydgehalt von etwa 20%, so kommt die Härtung praktisch zum Stillstand. Es muß dann die ganze Apparatur von dem zirkulierenden Gas durch Ausspülen mit Frischgas oder durch Evakuierung befreit werden. Es kommt sogar häufig vor, daß selbst der im Gasometer enthaltene Wasserstoffvorrat so stark verunreinigt wird, daß auch dieser vollständig abgeblasen werden muß.

Erklärung zu nebenstehender Abb. 23:

1 Ölbehälter f. Katalysatormühle	*12* Hartfettbehälter
2 Katalysatormühle	*13* Hartfettpumpe
3 Rührgefäß	*14* Trockenturm
4 Zerlegungsapparat	*15* Trichter für gebrauchten Katalysator
5 Katalysatorpumpe	*16* Wasserstoffkompressor
6 Behälter für frischen Katalysator	*17* Wasserstoffumlaufpumpe
7 Härtungsautoklav	*18* Schaltstation
8 Filterpresse	*19* Wasserstoffhochdruckbehälter
9 Hochdruckdampfheizung	*20* Elektrolyseurbatterie
10 Retourgas-Reinigungskolonne	*21* Wasserstoffgasometer
11 Behälter für gebrauchten Katalysator	

Um Kontaktwasserstoffgas mit stets gleichem Reinheitsgrad von über 99% zur Verfügung zu haben, ist man gezwungen, außerordentlich sorgfältig zu arbeiten. Meistens ist es aber so, daß der Kohlenoxydgehalt usw. des Gases kleinen Schwankungen unterliegt, je nachdem, wie lange die Reinigungsmassen in Betrieb sind usw. Das zirkulierende Gas wird deshalb dauernd durch Gasanalyse auf seinen Gehalt auf Verunreinigungen untersucht; stellt man fest, daß diese in bedenklicher Weise zugenommen haben, dann wird die Gaszirkulation unterbrochen und Frischgas bis zum Verschwinden des verunreinigten Gases durchgeblasen. Diese Maßnahme bedingt natürlich einen Mehrverbrauch an Wasserstoff. Man rechnet gewöhnlich, daß man bei Anwendung von Kontaktwasserstoff etwa 20% mehr Gas verbraucht als beim Arbeiten mit elektrolytischem Wasserstoff.

a) Härtung mit reinem und unreinem Wasserstoff. Um zu zeigen, um wieviel einfacher sich die Arbeit bei Anwendung von hochreinem Wasserstoff gestaltet als bei Gebrauch von schlecht gereinigtem Gas, sei hier die Arbeitsweise mit einem stark verunreinigten Wasserstoff von 95% Reinheit mit derjenigen von elektrolytischem Wasserstoff von 99,7% Reinheitsgrad verglichen. Für die Bestimmung der Verunreinigungen im zirkulierenden Wasserstoffgas kann man sich nach KAL-JUSHIN[1] der Formel

$$B = P(I + at/V)$$

bedienen, in welcher mit P der Gehalt des Frischgases an Verunreinigungen, mit V das Volumen der Apparatur, mit a die mittlere Wasserstoffabsorption des Öles in der Minute und mit B der Gehalt des zirkulierenden Gases an Verunreinigungen bezeichnet ist.

Die Wasserstoffabsorption pro Minute kann man nach MARKMANN[2] ein für allemal auch in der Weise bestimmen, daß man feststellt, welcher Teil des pro Minute eingeleiteten Wasserstoffs vom Öl tatsächlich aufgenommen wird. Diese Größe wird bestimmt durch 1 Minute langes Einleiten des Gases einmal ins Freie und einmal im Kreislauf. Das Verfahren ist natürlich nur annähernd genau, da sich ja die Wasserstoffaufnahme erstens mit fortschreitender Härtung und zweitens mit zunehmender Verunreinigung des Gases ändert. Bezeichnet man mit k die Menge des in 1 Minute durch den Apparat frei durchgeleiteten Gases, so ergibt das Einleiten im Kreislauf die Menge k_1 des in der Minute absorbierten Wasserstoffs. Das Verhältnis $k_1/k \cdot 100 = b$ entspricht den Prozenten Absorption. Sind durch den Autoklav in der ersten Minute V cbm Gas mit $0{,}01\,P_V$ cbm Verunreinigungen und $(V - 0{,}01\,P_V)$ cbm Wasserstoff durchgegangen, so sind davon $0{,}01\,b_V$ $(1 - 0{,}01\,B)$ cbm Wasserstoff vom Öl absorbiert worden.

<hr>

[1] Maslobojno Shirowoje Delo **1928**, Nr 8.
[2] Maslobojno Shirowoje Delo **1929**, Nr 2.

Am Ende der ersten Minute wird das Gas

$$0{,}01\,B_V + 0{,}0001\,b\,P_V(1 - 0{,}01\,P)$$

Fremdgase enthalten, oder in Prozenten

$$P_1 = P + 0{,}01\,b\,P(1 - 0{,}01\,P).$$

Am Ende der Minute t wird

$$P_t = P\,\frac{1 + 0{,}01\,b\,t - 0{,}00005\,b\,P^t}{1 + 0{,}00005\,b\,P\,t}\;. \tag{I}$$

Setzt man in diese Formel $b = 20\%$, $t = 40$ Min. und für P bei Kontaktwasserstoff 5%, bei elektrolytischem Wasserstoff 0,3%, so finden wir, daß der Gehalt an Fremdgasen nach 40 Minuten im zirkulierenden Wasserstoff im ersten Falle 36,7%, im zweiten Falle nur 2,7% betragen wird.

Nimmt man an, daß bei einem Gehalt an Fremdgasen von 20% im zirkulierenden Wasserstoff der Autoklav ausgeblasen werden muß, so wird man auf Grund der aus der Formel (I) ableitbaren Gleichung

$$t = \frac{P_t - P}{b\,P\,[0{,}01 - 0{,}00005\,(P + P_t)]}$$

finden, daß man bei Anwendung eines mit 5% Fremdgas verunreinigten Kontaktwasserstoffs den Autoklav alle 17 Minuten, bei elektrolytischem Wasserstoff alle 6 Stunden ausspülen muß. Praktisch bedeutet das, daß im Falle des elektrolytischen Wasserstoffs die Ausspülung überhaupt unnötig ist, denn in 6 Stunden ist das Öl längst gehärtet. Man sieht an diesem etwas groben Beispiel, wie wichtig die Reinheit des Wasserstoffgases ist. In der Praxis wird man sich solcher Formeln nicht bedienen, da es einfachere Mittel gibt, um die zunehmende Verunreinigung des Gases festzustellen, auch ist eine rein rechnerische Feststellung des Fremdgasgehaltes unzuverlässig, da auch die Reinheit des Frischgases Schwankungen unterworfen ist; auch enthält Kontaktwasserstoff viel weniger als 5% Fremdgase.

b) Zuleitung von frischem und zirkulierendem Wasserstoff aus zwei Gasometern. Um dauernd mit einem Gas annähernd gleicher Zusammensetzung arbeiten zu können, schlägt SANDER[1] vor, die aus Abb. 24 I u. 24 II sich ergebende Wasserstoffrohrleitung zu den Autoklaven vorzusehen.

Es sind zwei Gasbehälter vorgesehen (A, B). Der größere Behälter dient für Frischgas, der kleinere für Zirkulationsgas. Vom Behälter A führt eine Rohrleitung von beispielsweise 14,6 mm, von B eine Leitung von 10,3 mm Dmr. zum Autoklav. Ist die Reaktionsgeschwindigkeit, feststellbar an dem Temperaturanstieg im Autoklav, zu groß, so gibt

---

[1] Maslobojno Shirowoje Delo **1929**, Nr 3.

man weniger Frischgas und mehr Zirkulationsgas; sinkt die Geschwindigkeit, so macht man es umgekehrt. Auf diese Weise läßt sich auch ein
zu rasches Ansteigen der Härtungstemperatur verhindern.

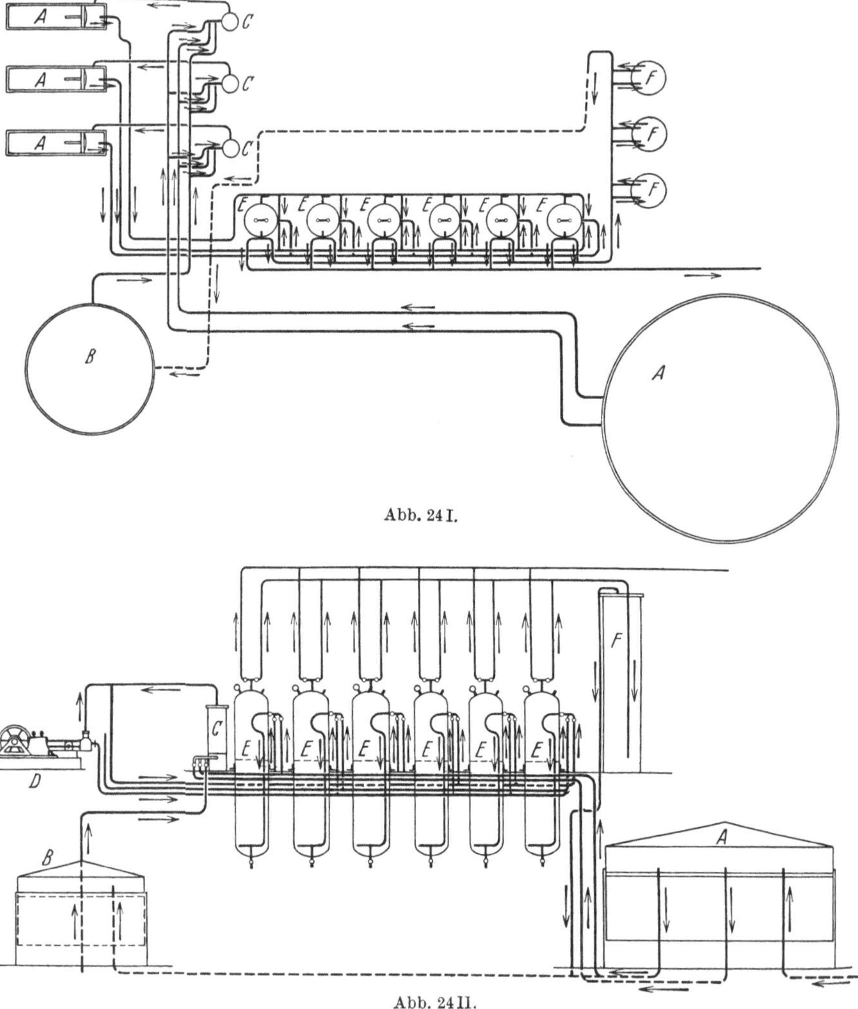

Abb. 24 I.

Abb. 24 II.

Abb. 24 I/II. Getrennte Zuleitung von Frisch- und Zirkulationsgas.
A Behälter für frischen Wasserstoff, *B* Behälter für zirkulierenden Wasserstoff, *C* Wasserstoff-
Verteilungsleitung, *D* Kompressoren, *E* Autoklaven, *F* Fettfänger.

Diese Anordnung macht ein Ausspülen der Apparatur während der
Härtung überhaupt überflüssig.

Der Wasserstoffverbrauch bei der Ölhärtung hängt von verschiedenen
Faktoren ab, und zwar von der Natur des Öles, von der Reinheit des

Gases, von der Dichtigkeit der Apparatur, der Dauer des Prozesses usw. Es lassen sich deshalb keine allgemeingültigen Zahlen festlegen. Mit dem theoretisch leicht zu berechnenden Wasserstoffverbrauch kommt man natürlich nicht aus. Je nach dem Rohmaterial, der Einrichtung usw. kann der effektive Wasserstoffverbrauch von 5—20 cbm und mehr pro 100 kg Öl schwanken. Er ist selbstverständlich um so kleiner, je niedriger die Jodzahl des Rohmaterials ist und je niedriger der Schmelzpunkt des gehärteten Fettes. Bei Anwendung von Kontaktwasserstoff ist der Wasserstoffbedarf im Durchschnitt um etwa 20% höher als für elektrolytischen Wasserstoff.

Theoretisch braucht man zur Herabsetzung der Jodzahl von 100 kg Öl um eine Einheit ca. 0,1 cbm Wasserstoff. Die Härtung von Ölen bis zu einem Schmelzpunkt von ca. 40° dürfte für Erdnußöl 5—6, für Cottonöl 7—8, für Leinöl ca. 15, für Olivenöl ca. 4, für Tran ca. 7—9 cbm Wasserstoff pro 100 kg erfordern.

IV. Der Nickelverbrauch.

Auch der Nickelverbrauch spielt für die Wirtschaftlichkeit des Härtungsbetriebes eine gewisse Rolle, wenn auch keine so große wie der Gasverbrauch. Der Nickelumsatz ist in Fabriken, die mit Nickelformiat arbeiten, natürlich größer als in solchen, welche Nickel-Kieselgur anwenden. Rechnet man selbst, daß beide Katalysatoren gleiche Wirkung haben, so ist der Verlust bei dem zu 100% aus Nickel bestehenden, aus dem Formiat gewonnenen Katalysator etwa 5mal so groß wie bei Anwendung von Nickel-Kieselgur, der ja nur zu ca. 20% aus Nickelmetall besteht. Allerdings kann auch Nickelformiat auf Kieselgur verteilt werden, das dürfte aber kaum größere praktische Vorteile ergeben. Es dürfte richtig sein, die Nickelverluste pro Monat mit 15 bis 20% des insgesamt umgesetzten Nickels zu veranschlagen, vorausgesetzt, daß der Katalysator dauernd regeneriert wird. Diese Verluste entfallen hauptsächlich auf die Herstellung und Wiedergewinnung des Katalysators; bei der Härtung selbst geht nur ein geringer Teil des Nickels verloren. Die Verluste sind natürlich größer, wenn auf die sehr schwierige Wiederbelebung verzichtet wird, da für den erschöpften Katalysator nur geringe Preise zu erzielen sind. Kleinere Fabriken verzichten häufig auf die Wiederbelebung, deren Gelingen von einer ganzen Reihe von Maßregeln abhängig ist und beschränken sich auf die Entölung desselben. Die Verluste an Nickel werden um so größer sein, je schneller der Katalysator seine Aktivität verliert, je häufiger also der Betrieb gezwungen ist, den Katalysator wiederzubeleben oder ihn durch neuen zu ersetzen.

a) Wiederholte Verwendung des Katalysators. Die Lebensdauer des Katalysators ist von der Reinheit des Öles und des Wasserstoffs abhängig. Es trifft nicht zu, wie von mancher Seite behauptet wurde, daß der Katalysator schon durch seine Tätigkeit und die Dauer dieser Tätigkeit abgeschwächt oder gar erschöpft werde. Diese Anschauung widerspricht der Erfahrung in krassester Weise. Bei Anwendung gut gereinigter Öle kann der Katalysator sehr oft benutzt werden. Härtet man dagegen rohe oder schlecht vorgereinigte Öle, so kann der Katalysator häufig schon nach einmaliger Härtung vollkommen abgetötet sein.

Bei 5maliger Härtung von Rüböl, also eines nicht gerade leicht hydrierbaren Öles, mit 1% eines 15% Nickel enthaltenen Nickel-Kieselgur-Katalysators, d. h. mit 0,15% Nickel, betrug der Aktivitätsverlust nach insgesamt 17,5 Stunden Tätigkeit kaum 40%; nach 4maliger Benutzung war die Aktivitätsabnahme kaum feststellbar[1].

Die einzelnen Resultate sind in Tabelle 17 enthalten.

Tabelle 17. Wiederholte Härtung von Rüböl mit dem gleichen Katalysator im Erdmannkolben bei 180°.

	Dauer Std.	Jodzahl	Erstarrungspunkt	Mittlere Jodzahlabnahme pro Std.
1. Härtung . . .	3,5	54,4	35,6	14,1
2. „ . . .	3,5	64,3	—	11,3
3. „ . . .	3,5	51,4	35,6	15,0
4. „ . . .	3,5	56,6	—	14,6
5. „ . . .	3,5	72,4	—	9,0

Größer als bei Rüböl war die Aktivitätsabnahme des Katalysators bei wiederholter Härtung eines hochreinen Olivenöles. Bei gleicher Versuchsanordnung betrugen die stündlichen durchschnittlichen Jodzahlabnahmen beim ersten Versuch 16, bei der zweiten Härtung 11 und bei der dritten 5. Als aber der 3 mal vorbenutzte Katalysator zur Härtung eines höher ungesättigten Öles (Tran) benutzt wurde, stieg plötzlich die Härtungsgeschwindigkeit ziemlich bedeutend. Das ist sehr leicht zu erklären, da die Absättigung der höher als Ölsäure ungesättigten Fettsäuren leichter vor sich geht als die der Ölsäure.

Es kann demnach keinem Zweifel unterliegen, daß die allmähliche Ermüdung des Katalysators mit der Dauer seiner Tätigkeit und der Menge des durchgehärteten Öles nur wenig zu tun hat; die Erschöpfung kommt auf ganz anderem Wege, und zwar durch allmähliche Anreicherung mit die Katalyse hemmenden Stoffen zustande.

b) Wiederbelebung des erschöpften Katalysators. In zahlreichen früheren Patenten wurde vorgeschlagen, die Wiederbelebung des erschöpften Katalysators in der Weise vorzunehmen, daß man ihn zunächst extrahiert, den Rest der organischen Substanz durch Wegbrennen entfernt

---

[1] SCHÖNFELD: Im Handb. d. Fette u. Öle von UBBELOHDE 4, 261ff.

und dann nochmals mit Wasserstoff reduziert. Andere Verfahren[1] sehen eine gänzliche oder teilweise Wiederauflösung des Metalles und Niederschlagen auf der gleichen Kieselgur usw. vor. Die Verfahren führen nicht zum Ziele. Es ist nicht die organische Substanz an sich, welche den Katalysator unbrauchbar gemacht hat, sondern Stoffe, die weder durch Mineralisieren noch durch Wiederauflösen entfernt werden können. Der erschöpfte Katalysator enthält giftige Stoffe (Schwefel, Phosphor, mitunter auch etwas Arsen), ferner Stoffe, welche die Katalyse verzögern, wie Eisen, Zink u. dgl. Diese Stoffe bleiben nach Glühen oder nach Auflösen im Nickel, so daß mit diesen Maßnahmen nichts oder nicht viel zu erreichen ist.

Zur Wiederbelebung müssen alle diese Beimengungen aus der Nickellösung beseitigt werden, d. h. man muß eine Nickellösung der gleichen Reinheit gewinnen, wie sie zur Herstellung des frischen Katalysators verwendet worden ist. Nur dann ist eine „Wiederbelebung" möglich. Es wird also in Wirklichkeit nicht der Katalysator „wiederbelebt", dieser muß vielmehr ganz neu hergestellt werden, sondern es wird aus einer verunreinigten Nickelsalzlösung eine für die Herstellung des Katalysators brauchbare Nickellösung bereitet. Schon daraus geht hervor, daß man es hier mit einer schwierigen und lästigen Operation zu tun hat.

Es handelt sich praktisch darum, aus der Nickellösung die Phosphorsäure, das Eisen, zusammen mit anderen Verunreinigungen, zu entfernen. Das Eisen ist in der aus dem Katalysator gewonnenen Nickelsulfatlösung als Ferrosulfat enthalten. Man verfährt nun in folgender Weise:

Der erschöpfte Katalysator wird durch Extraktion mit organischen Lösungsmitteln von der Hauptmenge des Fettes befreit. Hierzu bedient man sich entweder besonderer Extraktionsapparate, oder man entölt den Katalysator in Extraktionsfilterpressen, wie sie für diesen Zweck von der Firma A. L. G. Dehne oder der Lurgi Gesellschaft für Wärmetechnik gebaut und vorwiegend zur Bleicherdeentölung benutzt werden. Der entölte Katalysator wird in heißer verdünnter Schwefelsäure gelöst und die Lösung von den noch aufschwimmenden organischen Verunreinigungen und von der Kieselgur durch Filtration usw. befreit. Die nächste Aufgabe ist die Überführung des in der Lösung enthaltenen Eisens aus der zweiwertigen in die dreiwertige Stufe. Dies kann, mit Schwierigkeiten, durch einfache Luftoxydation geschehen; besser wird diese Oxydation mit Kaliumdichromat oder mit Kupfersulfat und Soda durchgeführt.

Gibt man zu Ferrosulfat Natriumcarbonat, so fällt grünes Eisenhydroxydul aus, welches sich langsam in Eisenhydroxyd verwandelt[2].

---

[1] WILBUSCHEWITSCH: Amer. P. 1022347. — SCHLINCK: DRP. 313102 u. a. m.
[2] WEINBERGER: Maslobojno Shirowoje Delo **1928**, Nr 9.

Behandelt man eine Ferrosulfatlösung mit der berechneten Menge basischen Kupfercarbonats, dargestellt nach der Formel:

$$CuSO_4 + Na_2CO_3 + H_2O = Cu(OH)HCO_3 + Na_2SO_4,$$

so fällt in der Hitze ein Gemisch von Ferri- und Kupferhydroxyd aus. Ist in der Lösung gleichzeitig Phosphorsäure vorhanden, so wird auch diese mitgerissen und als Eisenphosphat ausgeschieden. Das Nickel bleibt solange in Lösung, als noch Eisen in ihr enthalten ist. Um sich von der Vollständigkeit der Reinigung zu überzeugen, genügt eine Prüfung des Filtrats auf Eisen, vorausgesetzt natürlich, daß die Lösung nicht mehr Phosphor enthält, als durch das Eisen gebunden werden kann. Ist Phosphorsäure im Überschuß enthalten, so muß man zur Ausfällung dieses Überschusses noch die entsprechende Menge Ferrosulfat, Kupfersulfat und Soda zusetzen, um den gesamten Phosphor als Ferriphosphat abzuscheiden. Die Nickelsulfatlösung wird erst mit Soda neutralisiert und heiß filtriert. In die heiße Lösung gibt man eine dem Eisen äquivalente Menge Kupfersulfat und kocht auf; nun fügt man die dem Kupfer äquivalente Menge Soda hinzu und kocht 10 Minuten. Ist das Filtrat noch eisenhaltig, so gibt man noch etwas Soda; ist es noch phosphorhaltig, so gibt man noch etwas Kupfersulfat und Soda und filtriert abermals. Jetzt ist die Nickellösung rein genug, um zur Herstellung des Katalysators verwendet werden zu können.

Die Wiedergewinnung des Nickels (nicht des Katalysators — dieser wird nicht wiedergewonnen, sondern neu hergestellt) besteht also in einer ganzen Reihe von nicht einfachen Operationen. Bei der Oxydation des zweiwertigen Eisens durch Luftsauerstoff genügt es, die Lösung nach erfolgter Oxydation mit der zur Abscheidung des dreiwertigen Eisens benötigten Menge Soda zu behandeln; man erhält einen Niederschlag von Phosphaten, der außer dem Eisen auch das Aluminium und Zink enthält.

In vielen Betrieben wird auf die Regeneration des Katalysators verzichtet, sie lohnt sich nur bei größerem Nickelumsatz. Immerhin ist ohne Regeneration mit einem Verlust von etwa 0,05—0,1% (vom Fett) Nickel zu rechnen, soweit nach dem Nickel-Kieselgur-Verfahren gearbeitet wird.

B. Kontinuierliche Fetthärtung.

BEDFORD und ERDMANN[1] haben versucht, die Härtung mit einem grobkörnigen, ruhenden Katalysator auszuführen, über den man das Öl kontinuierlich zuführt, während im Gegenstrom Wasserstoff eingeleitet wird. Ihre Erfindung ist dadurch gekennzeichnet, daß das Öl in Form eines Regens, gleichzeitig mit dem Wasserstoff, der Kata-

---

[1] DRP. 211 669, 221 890, 260 009, 292 649 — Engl. P. 2520 (1907).

lysatorschicht zugeführt wird, die Härtung also beim Durchgang durch den Katalysator erfolgt. Als Kontaktmasse verwendeten sie auf groben Bimssteinstücken u. dgl. niedergeschlagenes Nickel, das beispielsweise in der Weise bereitet wird, daß man die Bimssteinstücke mit einer Nickelnitratlösung imprägniert, zum Oxyd ausglüht und in einem entsprechenden Behälter bei etwa 275—300° reduziert. Hierauf wird das Öl in Form feiner Tropfen bei ca. 180° über die Katalysatorschicht herabrieseln gelassen bei gleichzeitigem Einleiten von Wasserstoff. Der Katalysator war in einem turmähnlichen Apparat untergebracht.

Dieses Verfahren, das später auch von ELLIS und anderen vorgeschlagen worden ist, hat niemals praktische Bedeutung erlangt. Ein solches Verfahren kann natürlich nur dann Aussicht auf Erfolg haben, wenn der Katalysator mühelos und beliebig oft wiederbelebt werden kann. Infolge der kurzen Berührungsdauer des Öles mit dem Katalysator muß mit sehr großen Nickelüberschüssen gearbeitet werden, im Gegensatz zu den im vorigen Abschnitt beschriebenen Verfahren, bei welchem man mit Nickelmengen von 0,1—0,2% bzw. mit Katalysatormengen von 0,5—1% auskommt. Deshalb kann an eine technische Durchführung eines solchen Verfahrens erst dann gedacht werden, wenn es gelingt, den festgelagerten Katalsytor mit solcher Leichtigkeit und ohne nennenswerte Substanzverluste herzustellen und wiederzubeleben, daß es auf die absolut angewandte Katalysatormenge nicht mehr ankommt.

Die Herstellung und Wiedergewinnung eines auf leicht zerbröckelndem Bimsstein, Ton usw. verteilten Nickelkatalysators unterscheidet sich natürlich in nichts von der entsprechenden Behandlung des pulverigen Nickel-Kieselgur-Katalysators. Auch bei der Härtung selbst ist mit einem teilweisen Pulverisieren und Verlorengehen bestimmter Teile des Katalysators zu rechnen.

Das Lush-Verfahren. In den letzten Jahren gelang es der Technical Research Works, Ltd., London, ein brauchbares Verfahren zur kontinuierlichen Ölhärtung auszuarbeiten. Das Verfahren ist seit etwa 7 Jahren in kleinem Maßstabe in Betrieb und scheint sich jetzt weiter zu entwickeln, seine praktische Bedeutung ist aber immer noch gering, verglichen mit dem im vorigen Abschnitt beschriebenen diskontinuierlichen Verfahren. Insbesondere gelang es den Erfindern BOLTON und LUSH, die Frage der Wiederbelebung des Katalysators in sehr einfacher und eleganter Weise zu lösen.

Grundsätzlich kann man sich von einem kontinuierlichen Härtungsverfahren folgende Vorteile versprechen:

1. Es verschwindet die für die Beschickung und Entleerung der Apparatur aufgewendete Zeit.

2. Durch Regelung der Durchflußgeschwindigkeit des Öles hat man es in der Hand, dauernd das Öl bis zu einer konstanten Jodzahl zu hydrieren.

3. Ist der Katalysator fest genug, um beim Durchströmen des Öles nicht abzubröckeln, so braucht das gehärtete Öl nicht filtriert zu werden.

Die Möglichkeit dauernder Härtung auf konstante Jodzahl ist häufig von größerer Wichtigkeit, namentlich, wenn es sich darum handelt, die Jodzahl nur um einige Einheiten herabzusetzen. Wichtig ist das z. B., wie Gwynn und A. P. Lee[1] gezeigt haben, für die Verbesserung von minderwertigem, zu niedrig schmelzendem Schmalz. Durch eine Senkung der Jodzahl von Schmalz um 5—8 Einheiten gelingt es, die darin in geringer Menge enthaltenen Glyceride der Linolsäure abzusättigen und gleichzeitig den Schmelzpunkt auf normale Höhe zu bringen. Durch das Absättigen der Linolsäure wird die Haltbarkeit des Schmalzes selbstverständlich gesteigert. Mit pulverigen Katalysatoren wäre es kaum praktisch möglich, die Härtung in einem so frühen Stadium zu unterbrechen. Die Kontrolle des Endproduktes ist also beim kontinuierlichen Verfahren einfacher und leichter.

Die Nachteile der Hydrierung mit pulvrigen Nickel-Kieselgur-Katalysatoren bestehen nach Lush[2] in folgendem:

1. Die Herstellung des Katalysators erfordert eine komplizierte Apparatur und viel Arbeitskraft.

2. In Verbindung mit Feuchtigkeit kann der Träger (Kieselgur) eine Spaltung des Öles hervorrufen, was eine Nachraffination notwendig macht.

3. Infolge der langen Erhitzungsdauer leidet das Öl an Farbe und Geruch.

4. Die Wiederbelebung des pulvrigen Katalysators ist äußerst kompliziert und lästig.

Er hat folgendes Verfahren ausgearbeitet[3]:

Das Öl fließt durch hohe eiserne Zylinder, in welchen sich der Katalysator befindet.

Dieser besteht aus Nickelspänen, Nickelspiralen u. dgl., die in einem Korb aus Metalldrahtnetz (einer „Zelle“) untergebracht sind. Diese Zellen können mit Leichtigkeit in den zylindrischen Hydrierapparat eingesetzt und aus diesem wieder herausgezogen werden. Der Katalysator hat gewöhnlich die Form von Spiralen aus Nickeldraht von 5 mm Durchmesser, die durch Nickeldrähte von 1 mm zusammengehalten werden.

Durch anodische Oxydation wird zunächst auf der Oberfläche der Nickelspäne eine sehr dünne, festhaftende Nickeloxydschicht erzeugt. Die Dicke dieser Schicht beträgt etwa 0,00003 mm, sie ist also in der Größenordnung kolloider Teilchen. Bei längerer Einwirkung kann die Dicke der Oxydschicht bis zu 0,0003 mm gesteigert werden[4], und diese

---

[1] Oil Fat Ind. **8**, 385, 387.   [2] Chem. Trade Journ. **1925**, 6. März.
[3] Engl. P. 162370, 203218.   [4] Lush: Journ. Soc. Chem. Ind. **1923**, 219 T.

haftet trotzdem noch fest auf der metallischen Unterlage. Die Oxydschicht wird später im Ölhärtungsapparat selbst mit Wasserstoff reduziert, wobei eine sehr fein verteilte, auf den Spiralen festhaftende Schicht
von metallischem Nickel erhalten wird.

Wird die Reduktion des Nickeloxyds statt im Wasserstoffstrome an
der Kathode vorgenommen, so bildet sich eine völlig blanke Nickeloberfläche, welche für katalytische Zwecke unbrauchbar ist. Den Überzug
von schwarzem, katalytisch aktivem Nickel erhält man nur bei Reduktion
mit Wasserstoff.

Für den Katalysator ver-
wende man Barren aus reinem
Nickel, die zu äußerst feinen
Spänen gefeilt werden. Eine
große Zelle enthält 100 Pfund
Nickelfeile mit einer Oberfläche
von ca. 8500 Quadratfuß; vor
der Oxydation werden die Feile
angerauht, um eine festhaftende
Oxydschicht erzeugen zu können.
Hierauf wird die Zelle in ein Por-
zellanbad mit 5 proz. Sodalösung
gesetzt. Die Zelle wird zur Anode
und eine die Zelle umgebende
Nickelplatte zur Kathode gemacht. Die Oxydation erfordert
einen Strom von 1—5 Amp. und
15 Volt pro Pfund Nickel. Hierbei wird der Schwefel zu Schwefelsäure oxydiert und weggelöst.
Neuerdings sollen nicht Feile,
sondern ausschließlich Spiralen
verwendet werden, die bei
der Oxydation (Wiederbelebung)
in die Sodalösung eingehängt
werden.

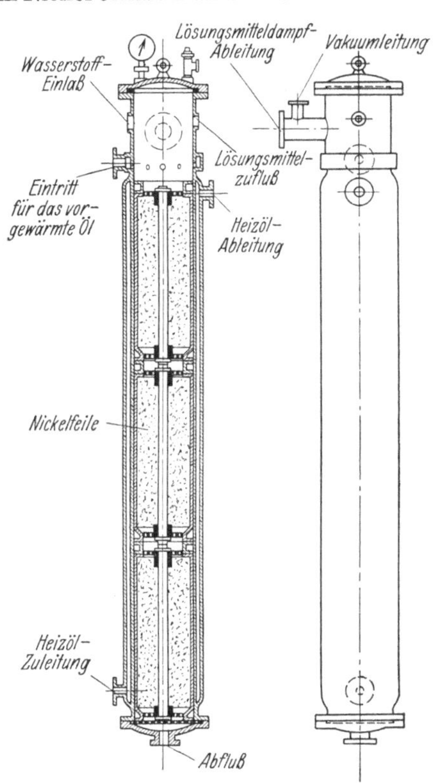

Abb. 25. Härtungs-Reaktionsgefäß nach LUSH-
BOLTON.

Abb. 25 zeigt ein Reaktionsgefäß mit 3 Zellen. Zwecks Herstellung
des Katalysators werden die mit den anodisch oxydierten Teilen gefüllten Zellen in das Reaktionsgefäß eingesetzt, dieses mit den Flanschen
verschlossen und zunächst die Luft durch Evakuierung vertrieben.
Hierauf setzt man einen Wasserstoffdruck von 60 Pfund auf und
erhitzt auf ca. 300°. Das Erhitzen der Hydrierzylinder geschieht
mittels Ölheizung. Nach beendeter Reduktion der feinen Nickeloxydschicht wird die Temperatur bis auf etwa 180° erniedrigt, der

Druck auf 5 Pfund herabgesetzt und nunmehr mit der Härtung begonnen.

Die Wiederbelebung des erschöpften Katalysators erfolgt in der gleichen Weise wie dessen Neubereitung. Nach Extraktion des Fettes mit einem Lösungsmittel werden die den Katalysator enthaltenden Zellen aus dem Reaktionsgefäß herausgezogen und die Spiralen in ein mit Sodalösung gefülltes Tongefäß gestellt. Man umgibt die Zellen in einem Abstand von 2 Zoll mit einem Nickelmantel, macht diesen zur Kathode, die Zellen zur Anode und leitet einen elektrischen Strom hindurch. Dabei wird die feine auf den Feilen oder Spiralen haftende Nickelschicht oxydiert, und sämtliche Verunreinigungen des Nickels gehen angeblich in Lösung. Die aufzulegende Stromstärke hängt von der Größe der Katalysatorzelle ab; für eine Zelle von 12 Zoll Dmr. und 3 Fuß Länge, d. h. das große Betriebsmodell, braucht man 180 Amp. und 7 Volt. Eine solche Zelle enthält 100 engl. Pfund Nickel, die Elektrolyse dauert etwa 8 Stunden. Nach beendeter Elektrolyse wird der Katalysator gut ausgewaschen und bis zur Wiederverwendung in Wasser stehengelassen. Die Reduktion wird im Reaktionsgefäß in der oben geschilderten Weise vorgenommen.

Es fragt sich nun, was eigentlich mit dem vom Katalysator während der Härtung aufgenommenen Eisen geschieht, wenn es auch einleuchtet, daß bei dieser ruhigen Arbeitsweise größere Eisenmengen nicht in den Katalysator gelangen werden. Der Schwefel und Phosphor werden bei der anodischen Oxydation natürlich zu Sulfat und Phosphat oxydiert werden.

Abb. 26 zeigt eine Anlage für 10 t/24 Std. Die in der Mitte des Bildes stehenden 4 Zylinder sind die eigentlichen, mit den Katalysatorzellen gefüllten Hydriergefäße, der letzte Zylinder (rechts) dient zum Auslaugen des erschöpften Katalysators mit dem Lösungsmittel. Unten rechts stehen 3 Gefäße zur anodischen Oxydation des Katalysators.

Abb. 27 zeigt das Schema einer Hydrieranlage für eine wöchentliche Erzeugung von 25—50 t Hartfett, entspricht also etwa der in Abb. 26 abgebildeten Anlage.

Für die Härtung in betriebsmäßigem Maßstabe wird ein 12-Zoll-Modell verwendet, d. h. die Katalysatorzellen haben 12 Zoll Dmr. und 3 Fuß Länge. Jedes Reaktionsgefäß enthält 3 Zellen. Die größeren Anlagen werden in 3 Stockwerken untergebracht. Im obersten Stockwerk stehen die Vorrichtungen zum Öltrocknen, zum Erwärmen des Heizöles usw. Im untersten Stock befinden sich die unteren Teile der Hydrierzylinder, der Lösungsmittel-Destillierapparat, der Hartfettbehälter, die Gefäße zur elektrolytischen Oxydation der Zellen usw. Der zirkulierende Wasserstoff passiert einen Kühler und die üblichen Reiniger. Das Öl ist im Durchschnitt nur 15 Minuten mit dem Katalysator in Berührung.

Abb. 26. Kontinuierliche Ölhärtungsanlage.

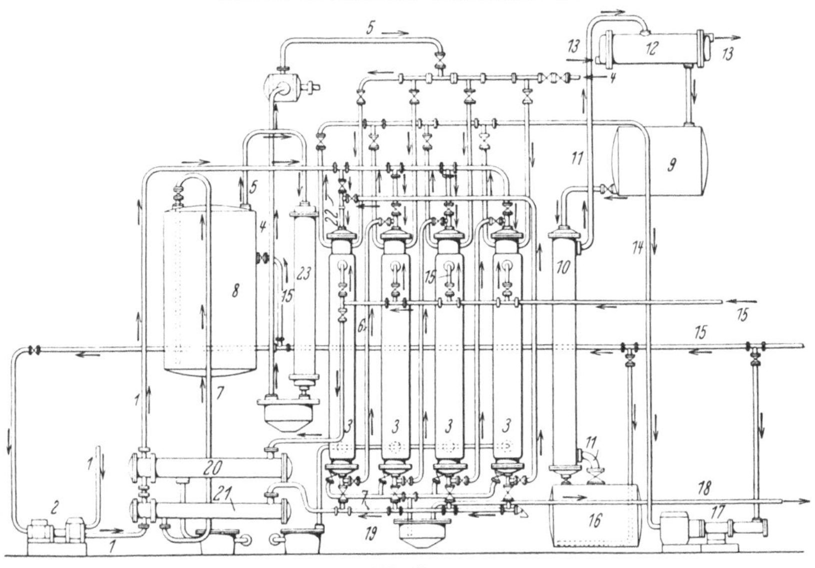

Abb. 27.

1 Öleintritt, 2 Ölpumpe, 3 Hydriergefäße, 4 Wasserstoffzutritt, 5 Wasserstoffumlauf, 6 Öl- und H_2-Umlauf, 7 Hartfettleitung, 8 Hartfettbehälter, 9 Lösungsmittelbehälter, 10 Katalysator-Extraktionsgefäß, 11 Lösungsmitteldampf, 12 Lösungsmittelkondensator, 13 Kühlwasser, 14 Vakuumleitung, 15 Dampf, 16 Lösungsmittel, 17 Vakuumpumpe, 18 H_2 zum Behälter, 19 Hartfettleitung, 20 Überhitzer, 21 Wärmeaustauscher, 22 Vakuum, 23 Wasserstoffkühlung.

Merkwürdigerweise soll bei diesem Verfahren die Härtungsgeschwindigkeit, d. h. die Dauer der Härtung, bis auf eine bestimmte Jodzahl davon unabhängig sein, ob das verwendete Öl stärker oder weniger hoch ungesättigt ist. Vielleicht steht das damit im Zusammenhang, daß bei diesem Verfahren angeblich wenig Isoölsäure gebildet wird. LUSH betrachtet die geringe Isoölsäurebildung als einen großen Vorteil, weil nach seiner Behauptung die Isoölsäuren die Ursache der geringeren Schaumfähigkeit der Hartfettseifen sein sollen.

Nach MOSCHKIN[1] soll der durch anodische Oxydation auf den Nickelspiralen erzeugte Oxydüberzug sehr unbeständig sein. Er verschwindet entweder schon in der alkalischen Lösung oder aber beim Auswaschen mit Wasser. Er empfiehlt, die Nickeloberfläche der Spiralen mit Schwefelsäure anzurauhen und sie erst dann der Oxydation zu unterwerfen; auf diesem Wege sei es möglich, einen viel besser haftenden Überzug zu bekommen.

Die Härtungszylinder können entweder hintereinander oder parallel geschaltet werden. Für jeden Zylinder ist eine besondere Ölumlaufpumpe vorgesehen, so daß man je nach Bedarf mit einem oder mit mehreren Reaktionsgefäßen arbeiten kann.

Eine Anlage für 50 t Hartfett pro Woche erfordere zur Bedienung 2 Mann. Eine Reihe kleinerer Anlagen ist seit mehreren Jahren in Betrieb und soll nach dem bekannten Fachmann ARMSTRONG sehr befriedigend arbeiten. Das Verfahren scheint für kleinere und mittlere Produktionen gut geeignet zu sein. Nach einer der Flugschrift der Technical Research Works entnommenen Kalkulation scheint das Verfahren außerordentlich billig zu arbeiten. Es ist dort nebenstehende Aufstellung angegeben.

Die Härtung von 1 t Öl würde also ca. 25 Mark kosten. Dieser Kalkulation scheint ein Verbrauch von 45 cbm Wasserstoff pro Tonne Erdnußöl zugrunde zu liegen. Bei höher ungesättigten Ölen wird der Wasserstoffverbrauch entsprechend höher sein.

Die Kosten der Anlagen sind dem Verfasser unbekannt.

Härtungskosten pro 1 t Hartfett.

	s	d
Heizungskosten	4	9,4
Sodaverbrauch	0	1,7
Stromverbrauch f. Oxyd. d. Kat. .	0	2,4
Waschwasser	0	0,3
Wasserstoff	8	4,0
Kraft	4	7,5
Lösungsmittel (Verlust)	0	2,8
Wasser f. Kondens.-Lösungsm. . . .	0	1,9
Wasser für Wasserstoffkühlung . . .	0	2,6
Dampf.	0	4,3
	19	0,9
Löhne bei 50 t/Woche	6	—
Löhne bei 100 t/Woche	3	—

---

[1] Maslobojno Shirowoje Delo **1928**, Nr 4.

SWIZYN[1] schlug vor, an Stelle der Nickelfeile vernickelte Kupfer- oder Eisendrahtnetze anzuwenden; diese garantieren eine gleichmäßige anodische Oxydation ohne gefährliche Stromüberspannungen.

Ein Hartfett mit konstantem Schmelzpunkt läßt sich nach dem Lushverfahren auf 3 Wegen fabrizieren:

Entweder wird die Durchflußgeschwindigkeit des Öles mit abnehmender Härtungsintensität verlangsamt, oder es wird der Wasserstoffdruck allmählich gesteigert. Man kann aber auch das gleiche in der Weise erzielen, daß man die Härtung bei einer möglichst niedrigen Temperatur ansetzt und die Temperatur mit zunehmender Ermüdung des Katalysators steigert. Auch kann man mit einem Reaktionsgefäß beginnen und im Laufe der Arbeit weitere Reaktionsgefäße einschalten. Das Resultat letzterer Arbeitsweise ist in der Abb. 28 veranschaulicht (der

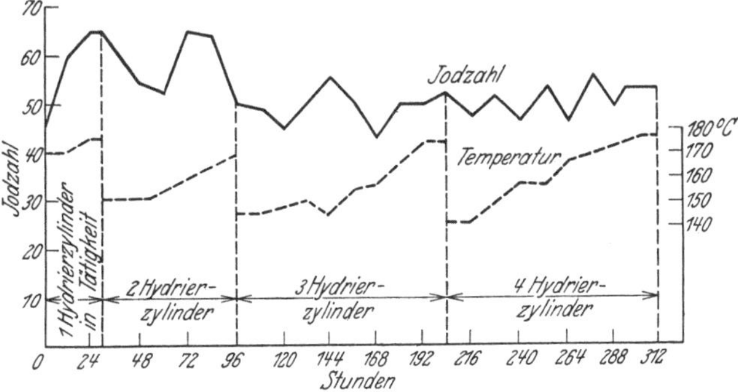

Abb. 28. Kontinuierliche Härtung auf konstanten Schmelzpunkt.

Versuch ist in der Ölfabrik der British Oil and Cake Mills Ltd. ausgeführt worden). Leider fehlen Angaben über die Größe der Anlage und die stündlich durchgeflossenen Ölmengen.

Die Arbeitsweise der Lushanlage erscheint nach obiger Schilderung tatsächlich geradezu bestechend einfach. Die Nickelverluste müssen bei einem solchen Verfahren sehr gering sein, die Herstellung und Wiederbelebung der katalytisch wirksamen Nickeloberflächen läßt hinsichtlich ihrer Einfachheit nichts zu wünschen übrig. Daß die Filtration der gehärteten Öle fortfällt, ist natürlich ebenfalls ein sehr großer Vorteil. Trotzdem ist das Verfahren vorläufig nur auf kleine Tagesleistungen beschränkt geblieben, und es fehlen noch gänzlich gutachtliche Äußerungen aus der großen Praxis. Unwillkürlich werfen sich einige Fragen auf, deren Aufklärung als dringend notwendig erscheint. Wie soll man sich z. B. helfen, wenn man es zufällig oder auch öfter mit einem schwer hydrierbaren Öle zu tun hat? Bei Anwendung eines gewöhnlichen

---

[1] Maslobojno Shirowoje Delo **1928**, Nr 3.

pulverigen Katalysators begegnet man dieser Schwierigkeit durch Zusatz
einer entsprechend größeren Katalysatormenge, so daß die tägliche
Leistung der Anlage von der Natur des Öles nicht abhängig zu sein
braucht. Arbeitet man nach dem kontinuierlichen Lushverfahren, so
wäre man beim Vorliegen eines, sagen wir, doppelt so schwer hydrierbaren Öls gezwungen, die doppelte Anzahl der Reaktionszylinder anzuwenden, um die tägliche Leistung der Fabrik auf gleicher Höhe halten
zu können! Mit anderen Worten, eine Anlage von bestimmter Größe
garantiert eine bestimmte Tagesleistung nur dann, wenn ständig Öle
zur Reduktion gelangen, deren Reduktionsgeschwindigkeit immer wieder
die gleiche ist, ein Fall, wie er in der Praxis kaum vorkommen dürfte.
Die Beweglichkeit der Fabrik wird dadurch natürlich stark ge-
fährdet.

Auch andere Fragen harren der Beantwortung. Es ist fraglich, ob
der an den Nickelfeilen durch anodische Oxydation und Reduktion
erzeugte Katalysatorüberzug so fest haftet, daß praktisch keine Nickelverluste und kein Übergang des Nickels in das Öl erfolgt. Wie groß sind
nun diese Verluste?

Und wie verhält es sich mit der Reinhaltung der Katalysatorzellen?
Diese wirken doch gleichzeitig als Filter und halten jedenfalls gröbere
Verschmutzungen des Öls zurück. Man wird doch nicht etwa mit vollständig blank vorfiltrierten Ölen arbeiten. Man dürfte also ohne zeitweise Reinigung solcher Zellen kaum auskommen. Und einfach dürfte
die Reinigung und Wiederinstandsetzung der Zellen nicht gerade sein.
Diese Erfahrung dürfte auch der Grund sein, daß man von der Anwendung einfacher Nickelfeile abgesehen hat und nunmehr besonders
geformte Spiralen verwendet.

Das Verfahren ist ohne Zweifel sehr schön durchdacht und scheint
auch nach den vorliegenden Publikationen ganz gut brauchbar zu sein.
Aber heute ist noch kein Urteil darüber möglich, ob diesem oder dem
einfachen, mit pulverigen Katalysatoren arbeitenden diskontinuierlichen
Verfahren der Vorzug gegeben werden soll. Es fehlen noch die Erfahrungen der Großindustrie.

Selektive und stufenweise Hydrierung.

In einem Öl, das außer Glyceriden der Ölsäure noch solche höher
ungesättigter Fettsäuren enthält, verläuft die Hydrierung der einzelnen
Komponenten mit verschiedener Intensität, und zwar nimmt die
Hydrierungsgeschwindigkeit in der Reihenfolge: Ölsäure, Linsolsäure,
Linolensäure usw. zu. Höher ungesättigte Fettsäureglyceride werden
also schneller reduziert als das nur eine Doppelbindung enthaltende
Ölsäureglycerid.

Zuerst wurde diese Beobachtung von Böhmer[1] gemacht. Aus der Jodzahl der flüssigen Fettsäuren von partiell hydrierten Fetten (der inneren Jodzahl) folgerte er, daß die Fettsäuren mit mehreren Doppelbindungen schneller zu Stearinsäure abgesättigt werden als Ölsäure. Das ist nur insoweit richtig, als die Fettsäuren mit mehreren Doppelbindungen tatsächlich schneller als Ölsäure reduziert werden; die größere Geschwindigkeit ist aber nur bei der Hydrierung der höher ungesättigten Fettsäuren bis zur Ölsäure zu beobachten, während die weitere Reduktion zu Stearinsäure schon langsamer vor sich geht.

1. Selektive Hydrierung von Ölsäure-Linolsäureglyceriden.

Im Jahre 1915 wurde bereits die Bedeutung dieses auswählenden Charakters der Hydrierung verschieden hoch ungesättigter Ölkomponenten für die Praxis erkannt. Burchanal[2] hat ein Verfahren zur partiellen Härtung von Cottonöl vorgeschlagen, das für die Speisefettfabrikation besonders gut geeignet ist; das partiell hydrierte Produkt ist frei von Glyceriden der Linol- und Linolensäure, reich an Ölsäureglyceriden, während der Gehalt an gesättigten, der Verdaulichkeit weniger zuträglichen Komponenten noch verhältnismäßig gering ist. Damit ist die praktische Bedeutung der selektiven Härtung erkannt worden. Zwecks seiner Erfindung war außerdem die Herstellung eines Produktes, welches infolge Fehlens hoch ungesättigter Fettsäuren weniger zur Oxydation und Ranzigkeit neigt (nach diesem Verfahren wird das Kunstspeisefett „Crisco" von Procter & Gamble Co. hergestellt). Derselbe Burchanal hat übrigens vorgeschlagen, einen Schmalzersatz durch Vermischen von ungehärtetem Cottonöl mit hochgehärtetem Cottonöl, z. B. mit 15% eines Hartfettes vom Schmelzpunkt 56°, herzustellen[3], was natürlich das Gegenteil des zuerst genannten Verfahrens bedeutet.

Am Beispiel der beiden Schmalzersatzprodukte, gewonnen:

1. durch partielle Reduktion und

2. durch Vermischen von vollständig reduziertem mit nichtreduziertem Cottonöl sei gezeigt, welch großen Einfluß die selektive Reduktion auf die Zusammensetzung der gehärteten Fette hat (Tabelle 18).

Diese erste Andeutung einer selektiven und stufenweisen Reduktion der verschieden hoch ungesättigten Ölbestandteile wurde von Ubbelohde und Svanöe[4] und fast zu gleicher Zeit von Moore, Richter und Van Arsdel[5] in mehr systematischen Untersuchungen bestätigt und näher aufgeklärt. Ubbelohde und Svanöe wiesen ferner nach, daß bei der teilweisen Hydrierung der Linolsäure nicht gewöhnliche

---

[1] Seifensieder-Ztg. **39**, 777, 1004 (1912).   [2] Amer. P. 1135351 (1915).
[3] Amer. P. 1135935 (1915).   [4] Ztschr. f. angew. Ch. **32** I, 257ff. (1919).
[5] Ind. and Engin. Chem. **9**, 451 (1917).

Tabelle 18.

Cottonöl-Hartfett	Jodzahl	Schmelz-punkt °	Titer °	Olein %	Linolein %
1. Hergestellt aus 85% Cottonöl und 15% Hartfett, F. 56°	95	42	36	39	32
2. Hergestellt durch partielle Reduktion von Cottonöl.	55	40	42		
3. Hergestellt durch partielle Reduktion von Cottonöl.	80	33	35	69	7,25

flüssige Ölsäure, sondern isomere feste Ölsäuren gebildet werden, welche
den etwas unglücklichen Namen „Isoölsäuren" erhalten haben. Zu
diesem Ergebnis kamen sie bei der Untersuchung der nach VARREN-
TRAPP isolierten festen Fettsäuren aus gehärtetem Cottonöl. Während
die festen Fettsäuren aus nichtgehärteten Ölen gesättigt sind und
höchstens, infolge unvollständiger Trennung von den flüssigen Säuren,
ganz niedrige Jodzahlen von einigen Einheiten zeigen, waren die aus
dem gehärteten Öl isolierten festen Säuren noch stark ungesättigt und
zeigten Jodzahlen bis zu 25. Das kann natürlich nur durch die Annahme
erklärt werden, daß die festen Säuren außer Palmitinsäure und Stearinsäure auch noch feste ungesättigte Säuren enthalten.

Die festen Fettsäuren eines partiell hydrierten Sesamöles hatten
sogar die Jodzahl 70—72, ein Beweis, daß sie beinahe zu 85% aus
Ölsäure bestanden haben[1].

Wird ein Glyceride von Linolsäure und Ölsäure enthaltendes Fett
der Hydrierung unterworfen, so nimmt der Gehalt der festen Fettsäuren an fester Ölsäure bis zu einem bestimmten Härtungsgrad zu
und dann wieder allmählich ab; im vollständig hydrierten Öl sind
feste Ölsäuren nicht mehr enthalten. Den Höchstgehalt an „Isoölsäuren"
wiesen die festen Hartfettsäuren bei einer Jodzahl der flüssigen Fettsäuren von ca. 80 auf, d. h. bei einer etwa der Ölsäure entsprechenden
Jodzahl. Daraus folgerten UBBELOHDE und SVANÖE, daß die Reduktion
der Linolsäure stufenweise vor sich geht, indem zunächst die höher
ungesättigten Fettsäuren vom Wasserstoff vorzugsweise angegriffen
und dabei hauptsächlich in eine isomere feste Ölsäure umgewandelt
werden. Diese wird dann schließlich zu Stearinsäure reduziert, aber
scheinbar verläuft dieser Vorgang langsamer als die Reduktion der
Linsolsäure zu Ölsäure.

Linolsäure und Ölsäure werden also mit verschiedener Geschwindigkeit reduziert, die Hydrierung ist selektiv. Dabei spielen aber die Reaktionsbedingungen eine große Rolle, so daß man den Grad der selektiven
Hydrierung künstlich beeinflussen kann.

---

[1] WATERMAN: Het Harden van Olien. Gorinchem 1921.

Wird Cottonöl unter gewöhnlichem oder schwach erhöhtem Druck bei etwa 180° in Gegenwart von Nickelkatalysatoren hydriert, so wird das im Öl enthaltene Linolsäureglycerid im ersten Stadium der Härtung zu einem Ölsäureglycerid abgesättigt, ohne Bildung größerer Mengen Stearin. Erst nachdem das Linolein in Olein umgewandelt ist, beginnt eine stärkere Anreicherung des Fettes mit Stearin. Der Verlauf dieser zwei Reaktionen ist abhängig von verschiedenen Faktoren, vor allem von der Temperatur. Je höher die Temperatur, desto klarer tritt der selektive Verlauf der Hydrierung in Erscheinung. Erhöhung der Katalysatormenge, vielleicht auch der Rührgeschwindigkeit und des Druckes, hat die entgegengesetzte Wirkung. Also Faktoren, welche die Hydrierung an sich beschleunigen, mit Ausnahme der Temperatur, behindern den auswählenden Charakter der Ölhärtung[1].

Bei höherem Druck, niedrigerer Temperatur, höherem Katalysatorgehalt und größerer Rührgeschwindigkeit wird man demnach (bei gleicher Jodzahl) ein Fett mit größerem Gehalt an gesättigten und höher als Ölsäure ungesättigten Fettsäuren erhalten als bei niedrigerem Druck, höherer Temperatur, geringerem Katalysatorgehalt und kleinerer Vermischungsintensität.

2. „Abgeschwächte Hydrierung."

Das im Jahre 1918 von Schönfeld vorgeschlagene und gemeinsam mit Ubbelohde ausgearbeitete Verfahren zur abgeschwächten Hydrierung von Tran[2] stellt einen der frühesten Versuche dar für die Verwertung der Möglichkeit der äußeren Beeinflussung der selektiven Hydrierung zu praktischen Zwecken.

Ubbelohde und Svanöe haben festgestellt, daß die hoch ungesättigte Klupanodonsäure schneller hydriert wird als die übrigen Tranfettsäuren. In einem Tran von der Jodzahl 169,4, aus welchem sich 34,2% unlösliche Bromide abtrennen ließen, verscnwand die Klupanodonsäure bei normaler Härtung bei einer Jodzahl von ca. 96; bei der Jodzahl 120 wurden noch ca. 12% an unlöslichen Bromiden erhalten, auch roch ein solches Produkt noch deutlich nach Tran[3]. Es wurde von Schönfeld und Ubbelohde beobachtet, daß es von der Art der Reduktion abhängig ist, wie weit die Hydrierung getrieben werden muß, um die Klupanodonsäure und den charakteristischen Trangeruch und -geschmack zum Verschwinden zu bringen. Sorgt man dafür, daß die Hydrierung wenig intensiv verläuft, was am besten durch Anwendung eines schwach wirkenden Katalysators zu erreichen ist, so läßt sich bei einem weit weniger fortgeschrittenen Hydrierungsgrad, also einer weit höheren Jodzahl, die Klupanodonsäure in höher gesättigte Produkte umwandeln.

---

[1] Moore, Richard, Van Arsdel: Ind. and Engin. Chem. **9**, 451.
[2] Ubbelohde, Schönfeld: l. c.   [3] Siehe Nielsen: Diss. Karlsruhe 1920.

Es gelang, unter Anwendung eines abgeschwächten Katalysators partiell reduzierte Trane zu erhalten, die bei einer Jodzahl von 120 (d. h. ohne die Konsistenz des Öles zu ändern) nur noch 0,5% Klupanodonsäure enthielten und praktisch frei von Trangeruch und Trangeschmack waren.

Diese Beobachtung bestätigt nicht nur die raschere Reduzierbarkeit der Klupanodonsäure, sondern auch, daß es durch Wahl entsprechender Reaktionsbedingungen möglich ist, dem Verlauf der Reduktion eine bestimmte Richtung zu geben und in einem Gemisch von verschieden hoch ungesättigten Fettsäureglyceriden vorwiegend den einen oder den anderen Bestandteil an der Hydrierung teilnehmen zu lassen.

Das gleiche Prinzip der „abgeschwächten Hydrierung" spielt heutzutage eine große Rolle bei der Herstellung von sog. „Weichhartfetten", die auf dem Wege der Phasenhärtung oder „Isoölsäurehärtung" in technischem Maßstabe gewonnen werden (nach Bamag A.G.).

Die Zunahme der Hydrierungsgeschwindigkeit in der Reihenfolge: Ölsäure → Linolsäure → Linolensäure ist der Grund dafür, daß die Öle erstens um so schneller Wasserstoff anlagern, je höher ungesättigt sie sind, und zweitens, daß im Verlaufe der Hydrierung von Ölen, welche neben Ölsäure- auch Linolsäureglyceride enthalten, eine plötzliche Abnahme der Reaktionsgeschwindigkeit nach der partiellen Reduktion bis zur Ölsäurestufe beobachtet werden kann.

ARMSTRONG und HILDITCH[1] vergleichen das Verhalten der ungesättigten Fettsäuren bei der Hydrierung in Gegenwart von fein verteiltem Nickel mit dem der Fette gegen Wasser in Gegenwart von Enzymen, also bei der enzymatischen Fettspaltung, oder bei anderen enzymatischen Hydrolysevorgängen[2]. Die enzymatische Hydrolyse ist ein Vorgang, der sich auf den pseudofesten Oberflächen der Kolloidteilchen abspielt, die in der Lösung des Elektrolyten dispergiert sind. So ist z. B. der Verlauf der Hydrolyse von Harnstoff durch Urease zu Kohlendioxyd und Ammoniak eine lineare Funktion der Zeit. Hydrolyse durch Säuren ist dagegen ein ausgesprochen bimolekularer Prozeß.

Die Hydrierung an der festen Katalysatoroberfläche spielte sich ganz ähnlich ab wie die Harnstoffhydrolyse unter dem Einfluß von Urease.

In Abb. 29 sind die Hydrierungskurven von reinstem Olivenöl, Cottonöl, Waltran und Leinöl, also von 4 verschiedenen hoch ungesättigten Ölen aufgenommen (reduziert in Gegenwart von 0,2% Ni, 180°). Alle diese Kurven sind, mit Ausnahme des Olivenöles, durch ein anfängliches lineares Segment gekennzeichnet. Dann folgt eine plötzliche Änderung der Richtung, und der zweite Teil der Kurve nimmt zunächst ebenfalls einen linearen Verlauf. Der Knickpunkt zwischen den beiden

---

[1] Proc. Royal Soc. London A **96**, 137 (1920).
[2] Proc. Royal Soc. London B **86**, 561.

Teilen der Kurve tritt ein, wenn im Öl noch etwa 10—20% höher als Ölsäure ungesättigte Glyceride enthalten sind. Dieser Punkt ist der Angelpunkt der ganzen Kurve, und die darauffolgenden Reduktionsgeschwindigkeiten sind für die verschiedenen Öle ungefähr gleich. Olivenöl, das nur ganz wenig Linolsäure enthält, zeigt die Richtungsänderung, d. h. den Knick der Wasserstoffabsorptionskurve gleich zu Beginn der Reaktion.

Demnach werden also verschiedene Öle mit konstanter Geschwindigkeit reduziert, bis etwa nur noch 10—20% höher als Ölsäure ungesättigte Säuren im Öl enthalten sind; es folgt dann der Knick und hierauf wiederum konstante Hydrierungsgeschwindigkeit.

In der Technik macht sich dieser Knickpunkt mitunter an dem plötzlichen Sinken der Temperatur im Hydrierapparat bemerkbar.

Die beiden streng linearen Teile der Reduktionskurve sind: 1. der Teil, welcher der Reduktion der höher als Ölsäure ungesättigten Fettsäureglyceride entspricht, und 2. der Teil, welcher die Reduktion der Ölsäureglyceride zum Stearinsäureglycerid wiedergibt.

Auf Grund dieser Analogie mit dem Verlauf der enzymatischen Hydrolyse gelangen ARMSTRONG und HIDILTCH zu der Ansicht, daß die Hydrierung auf dem Wege der Bildung einer labilen Zwischenverbindung zwischen Nickel und den ungesättigten Fettsäuren zustande komme, ähnlich wie sich bei den Enzymreaktionen das Enzym mit dem organischen Substrat verbindet (s. S. 58). Die Reduktionsgeschwindigkeit wird beeinflußt durch den Grad, mit welchem der Wasserstoff in produktive Assoziation mit dem Nickel und der Fettsäure eintritt. Mit fortschreitender Hydrierung ist eine graduelle Abnahme der Geschwindigkeit zu erwarten, und zwar infolge der mechanischen, durch die Abnahme der ungesättigten und Zunahme der gesättigten Verbindungen hervorgerufenen Störungen. Aus dem gleichen Grunde ist eine Abnahme der spezifischen Anziehungskraft des Nickels an die ungesättigten Verbindungen mit der Abnahme der Zahl der Lückenbindungen im Molekül der Fettsäuren zu erwarten, was sich in den Hydrierungskurven widerspiegelt.

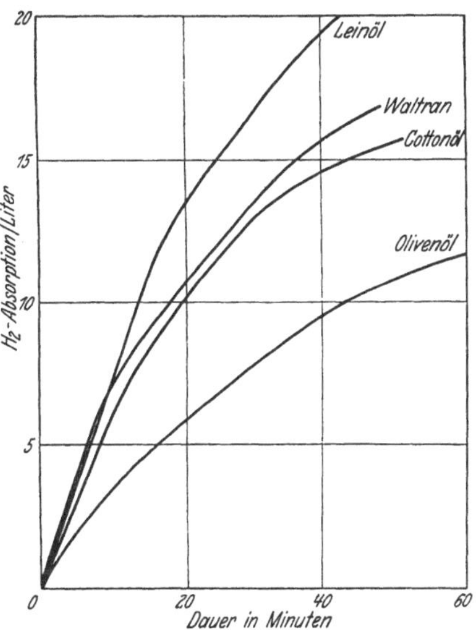

Abb. 29. Hydrierung verschieden hoch ungesättigter Öle.

3. Abweichung von absoluter Selektion.

Vollkommen selektiv verläuft die Hydrierung unter gewöhnlichen Bedingungen nicht. Wäre das der Fall, dann dürfte keine Stearinsäure entstehen, solange noch höher als Ölsäure ungesättigte Fettsäuren im Öl enthalten sind, und die Reduktionskurve eines Gemisches von Linolsäure und Ölsäure müßte dann der Linie $A—B—C$ in Abb. 29 entsprechen, d. h. die Gerade BC würde die Jodzahlordinate im Punkte 89,9 schneiden. In Wirklichkeit erhält man unter normalen Härtungsbedingungen bei der Hydrierung eines Öl-Linolsäureglycerid-Gemisches die Kurve $A—D—C$. Die Abweichung von der absoluten Selektion erreicht ein Maximum $B—D$; diese Linie entspricht der Menge Stearinsäure, welche bei der Absättigung der Linsolsäure gebildet wird, und sie ist ein Maß für den selektiven Verlauf der Hydrierung unter gegebenen Bedingungen[1]. Der Punkt A genügt, zusammen mit der Linie BC, zur Bestimmung der Kurve ADC.

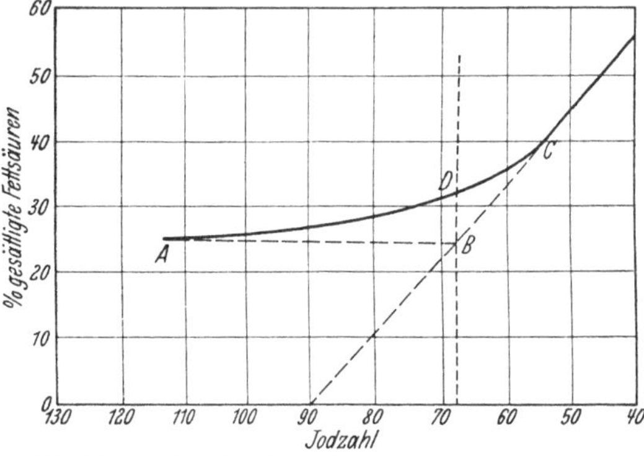

Abb. 30. Zunahme des Stearinsäuregehalts bei der Reduktion von Öl-Linolsäureglyceridgemischen.

In der Tabelle 19 sind die maximalen Abweichungen von der absoluten Selektion (D) bei der Hydrierung verschiedener Öle bis zur Jodzahl 90 der flüssigen Fettsäuren wiedergegeben.

Die Stearinsäuremengen, die bei der Härtung von Ölen bis zur Jodzahl der Ölsäure entstehen, oder, was dasselbe ist, die Abweichungen von der absoluten Selektion sind also um so größer, je größer der Gehalt der Öle an höher als Ölsäure ungesättigten Komponenten ist.

Tabelle 19. Maximale Abweichung von der absoluten Selektion (D).

Öl	Jodzahl	Temp. °	D
Leinöl . . .	185,5	180	15,0
Sojaöl . . .	142,2	180	10,5
Maisöl . . .	125,0	180	8,5
Cottonöl . .	114,1	180	7,0
Erdnußöl . .	94,2	200	4,0
Erdnußöl . .	94,2	200	5,5

Daß dieser D-Wert für Erdnußöl sehr klein ist, beweist auch eine Untersuchung von H. P. KAUFMANN und HANSEN-SCHMIDT[2], die auf rhodanometrischem Wege festgestellt haben, daß die Hydrierung von

---

[1] Journ. Soc. Chem. Ind. **46**, 446 T. (1927).
[2] Ber. Dtsch. Chem. Ges. **60**, 50 (1927).

Erdnußöl mit Nickel als Katalysator bei 200° praktisch ohne Bildung von Stearinsäure verläuft, solange nicht die gesamte Linolsäure bis zur Ölsäure abgesättigt ist. Die Rhodanzahlen blieben praktisch unverändert bis zu einer Jodzahl von 71,9. Das ungehärtete Öl enthielt 19,2% Linolsäure- und 61,2% Ölsäureglyceride; bei der Jodzahl von 71,9 waren in dem Öl 83,8% Ölsäure- und 0,0% Linolsäureglycerid enthalten. Die festen, nach TWITCHELL abgeschiedenen Fettsäuren hatten die

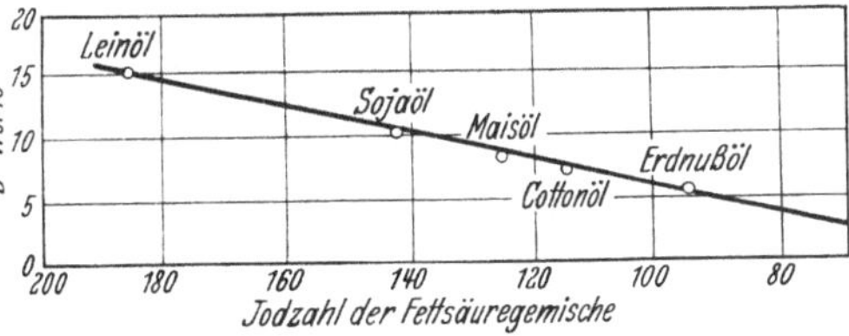

Abb. 31. Abweichung von absoluter Selektion bei der Hydrierung von Ölen.

Jodzahl 59,3, bestanden also aus Stearinsäure und über 50% Ölsäuren. Die flüssigen Fettsäuren hatten die Jodzahl 89,7, entsprachen demnach reiner Ölsäure.

Zeichnet man die Werte von D der verschiedenen Öle als Kurve gegen die Jodzahlen, so erhält man eine Gerade (Abb. 31). Fettsäuren zeigen in bezug auf die Abweichung von absoluter Selektion ein zu den neutralen Ölen entgegengesetztes Verhalten: Der Grad der Selektion

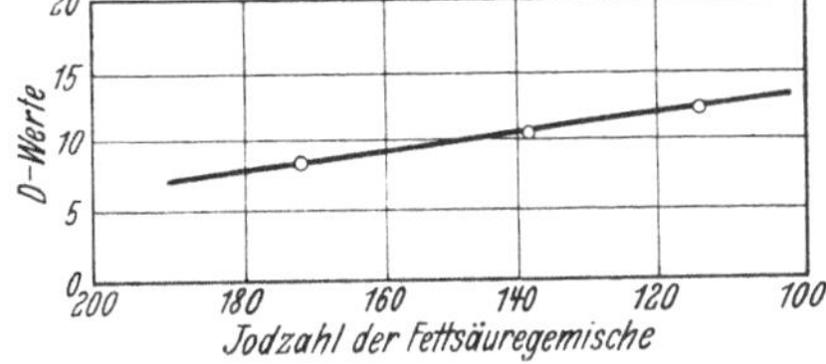

Abb. 32. Abweichung von absoluter Selektion bei der Hydrierung von Fettsäuren.

ist um so ausgesprochener, je höher die Jodzahl der Fettsäure ist, so daß die D-Kurven das Spiegelbild der entsprechenden Glyceridkurven ergeben (Abb. 32).

So wurden bei der Hydrierung von Fettsäuregemischen die in Tabelle 20 zusammengestellten Abweichungen von der absoluten Selektion festgestellt.

Die Äthylester der Fettsäuren verhalten sich

Tabelle 20. Abweichung von der absoluten Selektion bei der Hydrierung von Fettsäuren.

Fettsäure	Jodzahl	Temp. °	D
Linolsäure + Ölsäure .	171	200	8,0
Linolsäure + Ölsäure .	138,2	200	10,5
Cottonöl-Fettsäuren . .	114,1	200	12,0
Cottonöl-Fettsäuren . .	114,1	180	14,1

wie deren Glyceride, also entgegengesetzt zu den freien Fettsäuren.

Nach diesem Befund wären die freien Fettsäuren viel leichter der selektiven Hydrierung zugänglich als die neutralen Öle.

4. Einfluß der Temperatur und Natur des Katalysators auf die selektive Hydrierung.

Über den Einfluß der Temperatur auf den Grad der Selektion orientiert die Tabelle 21.

Tabelle 21. Abweichungen von der absoluten Selektion D bei der Hydrierung von Cottonöl bei verschiedenen Temperaturen.

Katalysator	%	Temp. °	D	Katalysator	%	Temp. °	D
Nickel . . .	—	100	15,0	Nickel . . .	—	195	5,0
,, . . .	—	110	13,2	,, . . .	0,05	175	7,0
,, . . .	—	150	11,0	,, . . .	0,2	175	5,0
,, . . .	—	160	10,5	Platin . . .	—	200	5,0

Die Menge der bei der Härtung des Linolsäureglycerids gebildeten Stearinsäure ist demnach um so größer, je niedriger die Temperatur, und dementsprechend ist auch der Schmelzpunkt eines partiell zu einer bestimmten Jodzahl gehärteten Fettes um so höher, je niedriger die Reaktionstemperatur war (festgestellt von WILLIAMS[1]).

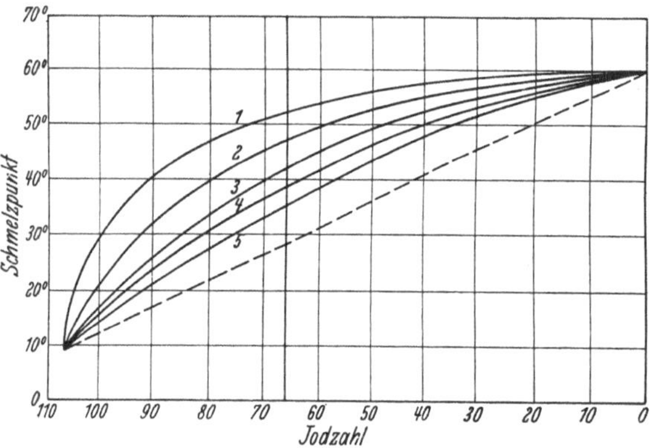

Abb. 33. Schmelzpunkte von bei verschiedenen Temperaturen gehärtetem Cottonöl gleicher Jodzahl.

Diese Tatsache ist technologisch von allergrößter Wichtigkeit, denn die Produkte höheren Schmelzpunktes unterscheiden sich von den Hartfetten gleicher Jodzahl, aber tieferen Schmelzpunktes nicht nur durch den verschiedenen Schmelzpunkt, sondern auch durch höheren Gehalt an Stearinsäure und an flüssigen Ölbestandteilen.

In Abb. 33 sind die Schmelzkurven von bei 130° (Nr. 1), bei 150° (Nr. 2), bei 160° (Nr. 3), 175° (Nr. 4) und 180° (Nr. 5) gehärtetem Cottonöl angegeben. Die 5 Kurven zeigen einen analogen Verlauf. Nimmt man also die Schmelzpunkte der Fette gleicher Jodzahl und zeichnet die entsprechende Temperaturkurve, so erhält man eine Gerade.

Der Schmelzpunkt eines partiell hydrierten Öles ist innerhalb der Reaktionstemperaturen von 120—200° direkt proportional der Abweichung von der absoluten Selektion D.

---

[1] Journ. Soc. Chem. Ind. **46**, 448 T. (1927)..

Außer von der Temperatur hängt der Verlauf der selektiven Hydrierung in hohem Grade von der Natur und Aktivität des Katalysators ab. Besonders hochaktive Katalysatoren stören die Selektion, wie aus Versuchen hervorgeht, welche RICHARDSON und SNODDY[1] mit Platinkontakten ausgeführt haben.

In Gegenwart von 0,1% eines Platinkatalysators bei 40—42° bis zur Jodzahl 73—79,4 (d. h. theoretisch bis zur Absättigung der höher ungesättigten Fettsäuren bis zum Ölsäurestadium) gehärtete Cottonöle hatten die in der Tabelle 22 angegebene Zusammensetzung, welche sich von den in Tabelle 21 durch Nickelhärtung hergestellten Hartfetten scharf unterscheidet.

In Gegenwart eines hoch-aktiven Edelmetallkatalysators ist also die Hydrierung nicht einmal annähernd so selektiv wie bei Verwendung eines weniger aktiven Nickelkatalysators. Gleichzeitig zeigt die Tabelle, wie außerordentlich verschieden Hartfette gleicher Jodzahl,

Tabelle 22. Härtung von Cottonöl in Gegenwart von Pt bei verschiedenen Temperaturen.

Temp.°	Jodzahl	Gesättigte Fettsäuren	Ölsäure	Iso-ölsäure	Linol-säure
40	75,8	26,3	25,6	0,8	47,3
100	74,2	37,3	36,0	2,6	24,1
160	73,0	33,5	41,0	7,1	18,2
180	74,0	38,8	39,0	8,6	19,6
200	79,4	32,0	35,6	8,3	24,1
240	77,4	32,3	34,0	11,5	22,0

hergestellt aus demselben Öl, zusammengesetzt sein können. Edelmetallkatalysatoren sind jedenfalls für die selektive Hydrierung gänzlich ungeeignet und auch aus diesem Grunde für die Technik weniger wertvoll wie die einfachen und viel billigeren Nickelkatalysatoren. Insbesondere bei niedrigen Temperaturen ist von einer Selektion bei Anwendung des Platins nichts zu merken, Ölsäure und Linolsäure werden mit gleicher Geschwindigkeit reduziert, aber auch bei hoher Temperatur ist die Selektion eine unzureichende, das Fett müßte sehr weitgehend gehärtet werden, um die Linolsäure zum Verschwinden zu bringen. Aber auch in Gegenwart von Platin nimmt der auswählende Charakter der Hydrierung mit der Temperatur zu.

Die Tatsache, daß in einem Gemisch von Linol- und Ölsäureglyceriden erstere früher abgesättigt werden, beweist nach RICHARDSON, KNUTH und MILLIGAN[2] noch nicht, daß die Linolsäure an sich mit größerer Geschwindigkeit reduziert werde als Ölsäure, denn es ist noch hierbei die Bildung von Isoölsäure zu berücksichtigen und ebenso die Konzentration der betreffenden ungesättigten Verbindungen im Öl. Nimmt man mit FOKIN an, daß die Hydrierung eine monomolekulare Reaktion ist, so müßte jede der ungesättigten Ölkomponenten von Anfang an

---

[1] Ind. and Engin Chem. **18**, 570.
[2] Ind. and Engin Chem. **16**, 519 (1924).

mit einer Geschwindigkeit reduziert werden, die dem Produkt von Konzentration und Reaktionskonstante für die betreffende Komponente proportional ist. Tatsächlich wird aber, wie aus den auf S. 97 wiedergegebenen Untersuchungen von ARMSTRONG und HILDITCH hervorgeht, eine konstante Hydrierungsgeschwindigkeit über eine längere Zeitperiode beobachtet. Nach diesem Befund muß die Konzentration der auf der aktiven Katalysatoroberfläche reagierenden ungesättigten Verbindungen nicht der Konzentration der gleichen Verbindungen im Öl selbst entsprechen, sondern über eine längere Reaktionsperiode konstant bleiben. Mit dieser Annahme läßt es sich durchaus in Einklang bringen, daß eine der ungesättigten Komponenten des Gemisches selektiv, d. h. vorzugsweise von der Katalysatoroberfläche adsorbiert wird und diese deshalb auch vorzugsweise absättigt. Abb. 34, welche den Hydrierungsverlauf von Cottonöl (A), Erdnußöl (B) und Sojaöl (C) wiedergibt,

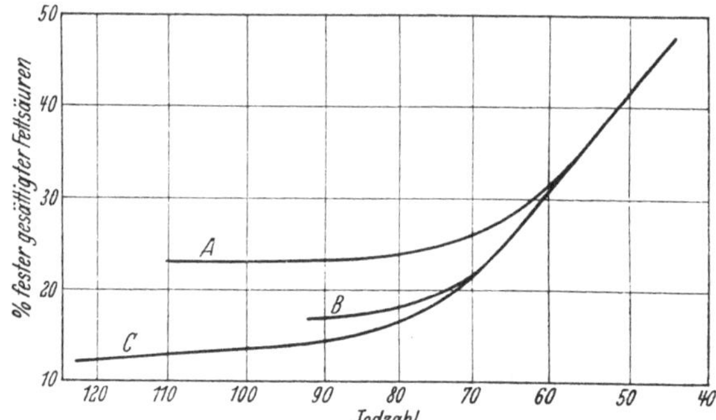

Abb. 34. Selektive Hydrierung von Cotton-, Erdnuß- und Sojaöl.

zeigt ebenfalls, daß die Reduktion selektiv verläuft, aber nicht absolut selektiv. Es liegt aber kein zwingender Grund vor, anzunehmen, daß die schnellere Reduktion der Linolsäure im Vergleich zur Ölsäure der größeren Hydrierungsgeschwindigkeit der ersteren zugeschrieben werden müsse. Nach dem Verschwinden der Linolsäure wird die Reaktionsgeschwindigkeit wiederum konstant und bleibt es auch über eine längere Reaktionsperiode. Man könnte die beiden Perioden konstanter Reduktionsgeschwindigkeit als ein Maß für die Hydrierung der beiden Säuren betrachten. Tatsächlich wurde festgestellt, daß die Anfangsgeschwindigkeit der Reduktion von Cottonöl häufig viermal so groß ist wie nach Verschwinden der Linolsäure. Jedoch kann die Ursache der tatsächlich beobachteten verschiedenen Reaktionsgeschwindigkeiten eine andere sein, und sie braucht nicht mit dem Gehalt des Öles an den beiden ungesättigten Säuren in Zusammenhang gebracht zu werden. Es genügt vollkommen, dies der selektiven Aktion des Nickels selbst, d. h. der bevorzugten Adsorption der Linolsäure an seiner Oberfläche, zuzuschreiben. Die Bevorzugung der Linolsäurereduktion zur Ölsäure trete um so schärfer in Erscheinung, je größer die Katalysatormenge ist und je höher die Temperatur. Für Cottonöl ist 200° die günstigste Temperatur für die vorzugsweise Hydrierung der Linolsäure, jedoch soll der Einfluß der Temperatur nicht so groß sein wie der der Katalysatormenge. So enthielt Cottonöl bei der Jodzahl 73,3 nach Hydrierung mit 0,05% Nickel noch 13,1% Linolsäure, bei Anwendung von 0,2% Nickel nur noch 9,7% Linolsäure. Der Wasserstoffdruck und die Rührgeschwindigkeit seien zwar von größerem Einfluß auf die Hydrierungsgeschwindigkeit, aber ohne nennenswerten Einfluß auf den selektiven Hydrierungsverlauf. Auch ELLIS[1] fand keine Änderung der Isoölsäurebildung bei Steigerung des Druckes von 0 auf 50 at.

Im ganzen halten es die Verfasser für erwiesen, daß der Hydrierungsverlauf einer ungesättigten Komponente eine konstante Wasserstoffabsorption hervorruft, solange diese Komponente einen bestimmten unteren Konzentrationswert noch nicht erreicht hat. Diese konstante Reaktionsgeschwindigkeit wird zufolge der selektiven Wirkung des Katalysators auch dann nicht anormal, wenn im Reaktionsgemisch mehrere ungesättigte Komponenten enthalten sind.

Die Behauptung, daß die Selektion mit der Katalysatormenge zunehme, steht in Widerspruch sowohl zn den Versuchen von MOORE, als auch zur Praxis; wohl aber scheint die Isomerisation mit der Katalysatormenge zuzunehmen. Auch lassen sich aus dem Vergleich der Härtung mit 0,05% Nickel mit der Hydrierung in Gegenwart von 0,2% Katalysator keinerlei Schlüsse ziehen, denn eine Menge von 0,05% Nickel ist abnorm klein, die Härtung verläuft in einem solchen Falle auch in anderer Hinsicht anormal.

5. Weichhartfette.

Die Beobachtungen, daß die Hydrierung von Gemischen von Glyceriden der Ölsäure mit solchen höher ungesättigter Fettsäuren selektiv und stufenweise verläuft und daß der Grad der Selektion durch äußere Reaktionsbedingungen beeinflußt werden kann, haben, wie erwähnt, zu einer neuen Modifikation der Ölhärtung geführt, die man als Phasenhärtung oder Isoölsäurehärtung bezeichnet.

Man stellt nach diesem Verfahren sog. Weichhartfette her, die sich von den üblichen Hartfetten durch größere Homogenität unterscheiden und welche stärker an Glyceriden der Isoölsäuren angereichert sind. Es wird dies erreicht durch Wahl von Reaktionsbedingungen, welche die Härtung der Ölsäure zur Stearinsäure erschweren, so daß vorwiegend die höher ungesättigten Fettsäuren bis zur Ölsäure-Isoölsäurestufe abgesättigt werden.

---

[1] Journ. Soc. Chem. Ind. **43**, 53 T.

Die Bildung der Isoölsäuren ist allerdings nicht nur das Resultat der stufenweisen Reduktion der Linolsäure, sondern vielleicht auch das einer bei der Ölhärtung eintretenden Isomerisation der Ölsäure selbst. Es kann deshalb nicht mit Sicherheit behauptet werden, daß bei der vorwiegend bei höheren Temperaturen stattfindenden selektiven Hydrierung und stärkeren Bildung von Isoölsäuren die Ölsäure von der Reaktion tatsächlich völlig verschont bleibt.

Für die Herstellung der Weichhartfette verwendet man vor allem schwächer wirkende Katalysatoren, d. h. Katalysatoren, welche einen Teil ihrer Aktivität durch Vorbenutzung verloren haben oder Kontakte, welche von vornherein mit geringerer Aktivität hergestellt werden. Man kann auch geringere Mengen höher aktiver Katalysatoren anwenden. Die Härtung wird bei relativ hohen Temperaturen eingeleitet und unterbrochen, sobald durch plötzlichen Temperaturabfall die beginnende Härtung der Ölsäure zur Stearinsäure sichtbar wird.

6. Selektive und stufenweise Hydrierung von Linolensäure in Gemischen mit Linol- und Ölsäure.

Ebenso deutlich wie bei der nickelkatalytischen Reduktion eines Gemisches von Ölsäure und Linolsäure zeigt sich der auswählende Charakter der Hydrierung bei der Reduktion von Ölen, welche aus Gemischen von Glyceriden der Öl-, Linol- und Linolensäure bestehen. Die Hydrierungsgeschwindigkeit nimmt in der Reihenfolge Linolen-, Linol-, Ölsäure ab[1].

SUZUKI und INOUYE[2] haben bei der Hydrierung eines Gemisches der Äthylester der 3 Säuren bei 190° in Gegenwart von palladiniertem Bariumfulfat nachgewiesen, daß die Reduktion der Linolsäure in 2, die der Linolsäure in 3 Stufen verläuft (Abb. 35).

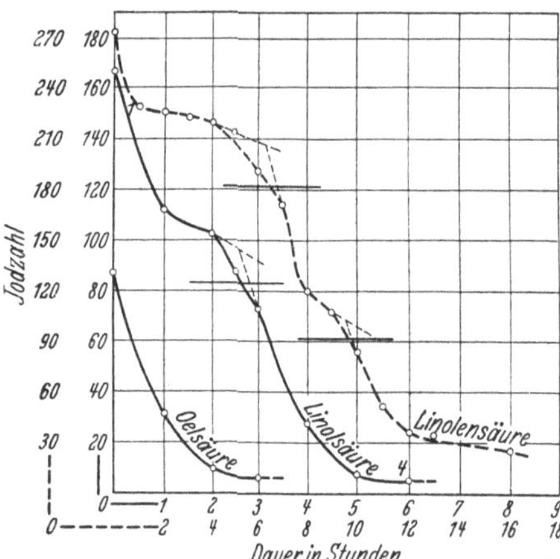

Abb. 35. Stufenweise Hydrierung der Linolensäure im Gemisch mit Linol- und Ölsäure.

Auch hat sich bei den Versuchen herausgestellt, daß die eine Doppelbindung der Linolsäure vorzugsweise hydriert wird.

[1] SCHESTAKOW, KUPTSCHINSKY: Ztschr. Dtsch. Öl- u. Fettind. **42**, 741 (1922).

[2] Proc. imp. Acad. Tokyo **6**, 266 (1930).

Ein Rübölhartfett der Jodzahl 48—48,5 enthielt nach KITAJEW[1] 10,4% Behensäure und 33,75% Stearinsäure, 41,6% Erucasäure und 11,25% Rapinsäure. Die Härtung verläuft demnach vorzugsweise auf Kosten der ungesättigten C_{18}-Säuren, welche offenbar schneller hydriert werden als die C_{22}-Säuren. Also auch die Größe des Fettsäuremoleküls spielt eine Rolle bei der selektiven Hydrierung.

7. Selektive Hydrierung der Trane.

Wesentlich anders, wenn auch ebenfalls ausgesprochen selektiv, verläuft die Hydrierung der Fischöle und Seetieröle. Während für Samenöle festgestellt wurde, daß die Linolsäure in der ersten Reaktionsphase vorwiegend bis zur Ölsäure hydriert wird und dann erst die Bildung größerer Mengen Stearinsäure durch Reduktion der Ölsäuren einsetzt, wird bei Tranen zunächst vorzugsweise die hoch ungesättigte Klupanodonsäure angegriffen. Bei der Reduktion bildet sich aus der Klupanodonsäure nach UBBELOHDE und SVANÖE[2] unmittelbar eine Linolsäure mit zwei Doppelbindungen; die Säure verschwindet praktisch bei der Reduktion, beispielsweise von Waltran bis zu einer Jodzahl von 84—85. Unmittelbar darauf entstehen große Mengen von Palmitin- und Stearinsäure, während die Säuren der C_{20}- und C_{22}-Reihe gleichzeitig in Säuren mit einer Doppelbindung, möglicherweise in gesättigte Säuren, übergehen[3]. Selbst nach Reduktion der Trane (untersucht an Waltran und Menhadentran) bis zur Jodzahl 57, also bis zu einem relativ hohen Schmelzpunkt, sind noch größere Mengen von Säuren mit zwei Doppelbindungen enthalten. Aber auch die Tranhydrierung ist ausgesprochen selektiv, die Selektion läßt sich sogar (Vergleich S. 95) in weiten Grenzen beeinflussen.

8. Stufenweise Hydrierung der α-Eläostearinsäure.

Auch die Hydrierung der im Holzöl enthaltenen Eläostearinsäure, welche dreifach ungesättigt ist und konjugierte Doppelbindungen enthält, verläuft stufenweise.

Wird an Holzöl ein Drittel der theoretisch zur vollständigen Reduktion erforderlichen Wasserstoffmenge angelagert, so enthält das partiell hydrierte Produkt nach BÖESEKEN und VAN KRIMPEN[4] noch keine Stearinsäure. Die im Öl enthaltenen 8% Ölsäure bleiben also im ersten Stadium der Hydrierung vollständig verschont.

In einem zu zwei Drittel gehärteten Holzöl ist bereits Stearinsäure enthalten, welche sowohl aus der im Öl ursprünglich enthaltenen Öl-

---

[1] Chemitschni Ukrainski Shurnal **1925**, 40.
[2] Ztschr. f. angew. Chem. **32** I, 257ff.
[3] RICHARDSON, KNUTH u. MILLIGAN: Ind. and Engin. Chem. **17**, 80 (1925).
[4] Versl. Kon. Akad. Wetensch. **37**, 66 (1928).

säure als auch aus der bei der stufenweisen Hydrierung der Eläostearinsäure gebildeten 11,12-Ölsäure entstanden sein kann.

BÖESEKEN[1] hat die stufenweise Hydrierung von α-Eläostearinsäureäthylester unter Druck (30 at, 115—165°) untersucht. Das zu einem Drittel reduzierte Produkt hatte eine anormal niedrige Jodzahl, ein Beweis, daß die konjugierte Doppelbildung noch nicht wegreduziert war. In dem zu zwei Drittel reduzierten Ester war die konjugierte Doppelbindung verschwunden. Das Produkt hatte die Jodzahl 95,8 und ergab bei der Trennung der festen und flüssigen Säuren über die Bleisalze eine feste Säure vom Schmelzpunkt 53° und Jodzahl 90,2 und flüssige Säuren der Jodzahl 116,4. Die feste Säure dürfte eine 11,12-Ölsäure sein.

Zusammenfassung: Bei der Hydrierung eines Gemisches von Fettsäureglyceriden mit einer, zwei und mehreren Doppelbindungen bei höherer Temperatur und unter gewöhnlichem oder einem schwach erhöhten Druck von einigen Atmosphären, d. h. unter den in der Praxis üblichen Verhältnissen, werden die einzelnen verschieden hoch ungesättigten Ölkomponenten mit verschiedener Geschwindigkeit reduziert. Diese Geschwindigkeit nimmt zu mit der Anzahl der Doppelbindungen im Molekül der Fettsäuren. Linolsäure und ebenso Linolensäure werden stufenweise abgesättigt; zuerst bildet sich Ölsäure, (Isoölsäure) und dann erst erfolgt die weitere Reduktion zur Stearinsäure.

Klupanodonsäure wird zuerst zu einer Säure mit zwei Doppelbindungen reduziert und dann anscheinend sogleich zur Stearinsäure.

Der Unterschied in der Reduktionsgeschwindigkeit von Linol- und Linolensäure einerseits und Ölsäure andererseits kann bei Wahl passender Reaktionsbedingungen so groß sein, daß keine nennenswerten Mengen Stearinsäure entstehen, solange noch Säuren mit mehr als einer Doppelbindung im Öl enthalten sind.

Dieser selektive Charakter der Hydrierung wird im positiven Sinne beeinflußt durch Erhöhung der Temperatur, sonst aber durch Abschwächung aller Faktoren, welche die Geschwindigkeit der Hydrierung fördern, also durch Anwendung schwächer wirkender, am besten zur Härtung bereits vorbenutzter Katalysatoren[2], vielleicht auch durch Anwendung eines weniger reinen Wasserstoffs.

Edelmetallkatalysatoren stören die Selektion.

Die bei der stufenweisen Hydrierung der höher als Ölsäure ungesättigten Fettsäuren gebildeten Oktadecensäuren sind mit der gewöhnlichen, in sämtlichen Pflanzenölen enthaltenden Ölsäure nicht identisch, sondern mit dieser isomer.

---

[1] Rec. trav. chim. Pays-Bas **46**, 629 (1927).
[2] NORMANN: Ztschr. f. angew. Ch. **1931**.

Diese Beobachtungen blieben nicht ohne Einfluß auf die Praxis der Ölhärtung. Sie schufen, wie beschrieben, die Möglichkeit der Herstellung von homogenen Hartfettprodukten, welche durch geringen Gehalt an Stearinsäure und flüssigen Säuren und einen höheren Gehalt an festen, aber weniger hoch als Stearinsäureglyceride schmelzenden Bestandteilen, den Glyceriden der Isoölsäuren, gekennzeichnet sind.

Weitere praktische Möglichkeiten, welche sich aus dem selektiven Verlauf der Ölhydrierung ergeben, sind:

I. Die Möglichkeit, geringe Mengen Linolsäure enthaltende Fette, wie beispielsweise Schmalz aus mit Leinölkuchen gefütterten Tieren, nur so weit zu reduzieren, daß die Linolsäure bis zur Ölsäure abgesättigt wird, ohne gleichzeitige Erhöhung des Stearinsäuregehalts und ohne wesentliche Erhöhung der Schmelzpunkte.

II. Trane durch abgeschwächte Reduktion von der Klupanodonsäure und damit von ihrem unangenehmen Geruch und Geschmack zu befreien.

III. Vielleicht auch in Zukunft, nach weiterem Eindringen in das Wesen der Hydrierung, Öle, welche neben Ölsäure auch höher ungesättigte Fettsäureglyceride enthalten, in reines Triolein, das wertvollste Material der Seifenindustrie und das wertvollste flüssige Fett der Speisefettindustrie, umzuwandeln. Diese letzte Möglichkeit trägt allerdings noch rein theoretischen Charakter. Vorläufig wurde die Bildung von gewöhnlicher flüssiger Ölsäure bei der Wasserstoffanlagerung an Linolsäure und andere höher ungesättigte Ölkomponenten noch nicht beobachtet bzw. nur im Gemisch mit festen Ölsäuren.

Feste Ölsäuren oder „Isoölsäuren".

In partiell hydrierten Fetten sind, wie im vorigen Abschnitt gezeigt wurde, stets gewisse Mengen ungesättigter fester Fettsäuren enthalten, welche die gleiche empirische Zusammensetzung haben wie die gewöhnliche Δ_9-Ölsäure, aber mit dieser isomer sind. Sie bilden, ebenso wie die festen gesättigten Fettsäuren, unlösliche Bleisalze, so daß sie zusammen mit den gesättigten Säuren bei der Trennung der Säuren nach TWITCHELL erhalten werden. Infolge der Gegenwart der ungesättigten Ölsäuren zeigen die festen Twitchellsäuren mitunter recht hohe Jodzahlen.

Besonders große Isoölsäuremengen bilden sich bei der Hydrierung von Ölen, welche neben Ölsäure auch Glyceride höher ungesättigter Fettsäuren enthalten; aber auch bei der Ölsäurehärtung entstehen sie in recht beträchtlichen Mengen. Ihren Höchstgehalt im Öl erreichen sie, wenn die Hydrierung auf der Ölsäurestufe unterbrochen wird.

Über die Bildung dieser isomeren Ölsäuren ist man sich vorläufig ebensowenig im klaren wie über ihre Konstitution. Soviel steht aber fest, daß sie neben dem Stereoisomeren der Ölsäure, der Elaidinsäure, noch aus Ölsäuren bestehen, welche die Doppelbindung an einer anderen Stelle enthalten als die gewöhnliche Ölsäure.

Theoretisch könnten diese Säuren auf folgenden Wegen entstanden sein:

1. durch partielle Reduktion; bei der partiellen Reduktion von Linolsäure können zwei, bei der Reduktion der Linolensäure drei isomere Ölsäuren entstehen, je nachdem, welche Doppelbindung zuerst abgesättigt wird;

2. durch Verschiebung der Doppelbindung in der gewöhnlichen Ölsäure;

3. durch Dehydrierung der Stearinsäure;

4. durch Isomerisation der Ölsäure zur Elaidinsäure.

Mit Ausnahme der Dehydrierung, für die keine sicheren Anzeichen vorhanden sind, beteiligen sich wahrscheinlich alle diese Reaktionen an der Entstehung der Isoölsäuren.

Wir kennen folgende feste Isomere der gewöhnlichen Δ_9-Ölsäure:

1. Elaidinsäure, Schmelzpunkt, 44,4°, das trans-Isomere der Ölsäure.

Von strukturisomeren Ölsäuren sind bekannt:

2. Δ_2-Ölsäure = Oktadecen-(2)-säure-(1), $CH_3(CH_2)_{14}CH:CH\cdot COOH$; Schmelzpunkt 59°, Erstarrungspunkt 52°;

3. Δ_4-Ölsäure, Schmelzpunkt 52—53°[1]);

4. Δ_6-Ölsäure = Oktadecen-(6)-säure-(1) oder Heptadecen-(5)-carbonsäure-(1), $$CH_3(CH_2)_{10}CH:CH(CH_2)_4COOH$$ (Petroselinsäure); Schmelzpunkt 33—34° und

5. die isomere Δ^6-Ölsäure (Petroselidinsäure), gebildet durch Behandeln der Petroselinsäure mit salpetriger Säure; Schmelzpunkt 54°;

6. Isoölsäure von SAYTZEW, Oktadecen-(10)-säure-(1), $$CH_3(CH_2)_6CH:CH(CH_2)_8COOH\,*;$$ Schmelzpunkt 44—45°;

7. Oktadecen-(12)-säure-(1), $$CH_3(CH_2)_4CH:CH(CH_2)_{10}COOH\,**;$$ Schmelzpunkt 36—38°.

AD. GRÜN und CZERNY[2] erhielten bei der Behandlung des durch Hydrierung von Ricinusöl und Umesterung dargestellten 12-Oxystearinsäureesters mit β-Naphthalinsulfonsäure bei 220° ein Gemisch von cis-

---

[1] Ber. Dtsch. Chem. Ges. **59**, 54 (1926).

* SCHUKOW: Journ. Russ. Phys.-Chem. Ges. **35**, 17. — SAYTZEW: Journ. f. prakt. Ch. [2] **35**, 386.

** FOKIN: Journ. Russ. Phys.-Chem. Ges. **1922**, 653.

[2] Chem. Zentralblatt **1914** I, 556.

und trans-Δ^{12}-Ölsäureestern. Die Elaidinsäureform der Säure bildet Blättchen vom Schmelzpunkt 39,7—40,1°, die Ölsäureform hat den Schmelzpunkt 9,8—10,4°.

8. Δ_3-Ölsäure, Schmelzpunkt 56—57°;

9. Rapinsäure, Vorkommen in Rüböl; Schmelzpunkt 78°.

1. Einfluß des Nickels auf die Bildung der isomeren Ölsäuren.

Ob Isoölsäuren auch beim Erhitzen von Ölen mit Nickelkatalysatoren in Abwesenheit von Wasserstoff entstehen, kann nicht mit Bestimmtheit gesagt werden. TJUTJUNNIKOW[1] will zwar festgestellt haben, daß beim Erhitzen von Ölsäure im Kohlensäurestrom in Gegenwart eines Nickel-Kieselgur-Katalysators auf 270—275° bis zu 23% der Säure in Isoölsäure umgewandelt werden. Erhitzt man dagegen Isoölsäuren unter gleichen Bedingungen mit Nickel, so werden sie nur zu einem geringen Betrage in Ölsäure umgewandelt. Nun bilden sich aber bei der Härtung die Isoölsäuren bei einer viel niedrigeren Temperatur, wenn auch ihre Bildung durch Temperatursteigerung sehr begünstigt wird. Unter normalen Härtungstemperaturen ist Isoölsäurebildung jedenfalls in Abwesenheit von Wasserstoff noch nicht beobachtet worden.

Daß sich aber Öle beim Erhitzen mit Nickelkatalysatoren ganz anders verhalten als in Abwesenheit des Nickels, geht einwandfrei aus einer Untersuchung von VAN TUSSENBROEK[2] hervor. VAN TUSSENBROEK untersuchte den Einfluß des Erhitzens auf 180—185° auf die Konstanten des Sojaöls in Gegenwart und in Abwesenheit von Nickel-Kieselgur und von Kieselgur allein. Die Ergebnisse sind in Tabelle 23 zusammengestellt.

Tabelle 23. **Einfluß des Erhitzens mit Nickel-Kieselgur auf die Konstanten von Sojaöl.**

	Viscosität (OSTWALD)	n_D^{20}	Rhodanzahl	Jodzahl
Sojaöl	489	1,4752	81	133,0
Desgl. nach Erhitzen auf 180—185° im Vakuum	502	1,4751	78	131,9
Desgl. nach Erhitzen auf 180—185° in Gegenwart von Kieselgur	500	1,4751	78	132,6
Desgl. + Ni-Kieselgur	531	1,4761	78	131,5
Desgl. + Ni-Kieselgur nach Erhitzen auf 225°	999	1,4798	80	113—118
Desgl. nach Erhitzen auf 225° in Gegenwart von Kieselgur	511	1,4752	80	133,5

Beim Erhitzen des Öles mit Nickel-Kieselgur im Vakuum fand also bei 180° keine nennenswerte, nach Erhitzen auf 225° eine sehr be-

---

[1] Maslobojno-Shirowoje Delo **1930**, Nr 4/5.

[2] Diss. Techn. Hochschule. Delft 1929.

deutende Änderung der Konstanten statt, insbesondere eine starke Abnahme der Jodzahl. Ob diese durch Polymerisation zustande kommt, kann nicht mit Sicherheit behauptet werden. Es könnte sich ebensogut nm Isomerisationsreaktionen handeln, beispielsweise um den Übergang von Verbindungen mit zwei Doppelbindungen in solche mit einer konjugierten Doppelbindung. Von Interesse ist, daß die mit Nickel-Kieselgur erhitzten Öle einen ausgesprochenen Hartfettgeruch zeigten.

Beim Erhitzen von Ölsäureäthylester mit Nickel-Kieselgur ändert sich nach WATERMAN und VAN TUSSENBROEK[1] weder die Jodzahl noch die Rhodanzahl. Die Vorgänge beim Erhitzen von Ölen mit Nickelkatalysatoren in Abwesenheit von Wasserstoff sind demnach noch recht wenig aufgeklärt; fest steht nur, daß beim Erhitzen linolsäurehaltiger Öle größere Änderungen der Konstanten zu beobachten sind und daß beim Erhitzen von Ölsäure auf extrem hohe Temperaturen in Gegenwart von Nickel gewisse Mengen Isoölsäure gebildet werden.

2. Bildung von Isoölsäuren bei der Ölsäurehärtung.

MOORE[2] hat bei der katalytischen Hydrierung von Ölsäureäthylester Bildung von größeren Mengen Isoölsäure festgestellt. Die Menge der gebildeten Isoölsäure hängt ab von der Natur des angewandten Katalysators und von der Temperatur. Beispielsweise bilden sich bei der Hydrierung der Ölsäure in Gegenwart von Palladium bei 240° 22 mal mehr Isoölsäure als bei 40°. Bei der Hydrierung des Esters war das Verhältnis Ölsäure : Isoölsäure bis zur Jodzahl 30 konstant und betrug etwa 10 : 15, d. h. auf 1 Teil Ölsäure waren 1,5 Teile Isoölsäure vorhanden. Dieses Verhältnis blieb unverändert bis zur vollständigen Absättigung der Ölsäure. Bei der Hydrierung von Isoölsäure bildet sich andererseits auch flüssige Ölsäure. Aber das Verhältnis flüssige Ölsäure : feste Isoölsäure beträgt dann nur 10 : 24. Aus der Bildung gewöhnlicher Ölsäure bei der Reduktion von Isoölsäure schließt MOORE, daß letztere ein Gemisch von isomeren Ölsäuren darstellt, deren eine Komponente Elaidinsäure ist, welche bei der Hydrierung zur flüssigen gewöhnlichen Ölsäure isomerisiert wird. Wahrscheinlich ist Isoölsäure ein Gemisch von Elaidinsäure mit einer 11,12-Ölsäure (?). Bestätigt wurde dies dadurch, daß bei der Hydrierung von Elaidinsäure tatsächlich flüssige Ölsäure gebildet wird.

Während die Menge der gebildeten Isoölsäuren mit dem Katalysator und der Temperatur schwankt, ist das Verhältnis Ölsäure : Isoölsäure von den Reaktionsbedingungen unabhängig und ändert sich nicht bei der Hydrierung mit Nickel innerhalb eines Temperaturbereichs von 140—240° und ebenso bei der Härtung mit Paladium bis 180°.

---

[1] Chemisch Weekblad **26**, 566 (1929).
[2] Journ. Soc. Chem. Ind. **38**, 321 T (1919).

Die von MOORE festgestellte Tatsache, daß bei der Hydrierung von Ölsäureestern neben Elaidinsäure noch eine andere strukturisomere Ölsäure entsteht, zeigt, daß unter dem Einfluß des Katalysators eine Verschiebung der Doppelbindung stattfindet. Auf welche Weise diese Verschiebung zustande kommt, ob durch Dehydrierung intermediär gebildeter Stearinsäure oder auf anderem Wege, darüber läßt sich leider nichts Bestimmtes sagen. Angenommen kann werden, daß die Verschiebung der Doppelbindung eine Folge ihrer Aktivierung durch das Nickel ist, im Sinne der von ARMSTRONG und HILDITCH gemachten Hypothese. Auffallend ist, daß Isoölsäure nur während der Hydrierung aus Ölsäure entstehen kann; bloßes Erhitzen von Ölsäureäthylester mit Palladium oder Nickel in Abwesenheit von Wasserstoff führt nach MOORE nicht zur Isoölsäurebildung.

Die Tabelle 24 zeigt die Abhängigkeit der Isoölsäurebildung von der Temperatur bei der Hydrierung von Äthyloleat.

Ein partiell hydrierterElaidinsäureäthylester, Jodzahl 50, enthielt 45% Stearinsäure, 25% Iso-

Tabelle 24. Hydrierung von Ölsäureäthylester.

Katalysator	Temp. °	Jodzahl	Isoölsäure %
Nickel . . .	140	26	22,0
,, . . .	185	29	36,0
,, . . .	240	24	42,0
,, . . .	180	15	21,5
Palladium .	180	19	49,0

ölsäuren und 26% flüssige Ölsäuren. Elaidinsäure ist demnach ohne Zweifel eine Komponente der bei der Härtung gebildeten festen Ölsäuren.

Es ist bemerkenswert, daß Palladium die Ölsäure viel stärker isomerisiert als Nickel; bemerkenswert deswegen, weil bei der Hydrierung von Ölen, welche außer Ölsäure auch Linolsäure enthalten, in Gegenwart von Edelmetallkatalysatoren weniger Isoölsäure entsteht als mit Nickel. Auch das spricht dafür, daß die Isoölsäurebildung das Resultat mehrerer Reaktionen ist; sie entsteht sowohl durch Isomerisation der Ölsäure als auch durch partielle Reduktion der höher als Ölsäure ungesättigten Säuren. Es versteht sich von selbst, daß bei diesen verschiedenen Reaktionen verschieden zusammengesetzte „Isoölsäuren" entstehen müssen und kein einheitliches Produkt.

3. Bildung von Isoölsäuren bei der Härtung linolsäurehaltiger Fette.

Auch MAZUME[1] bestätigt die Bildung von Isoölsäure bei der nickelkatalytischen Hydrierung von Ölsäureestern. Er fand ferner, daß die Isoölsäureanhäufung sehr verschieden verläuft, je nachdem ob Ölsäure- oder Linolsäureester hydriert werden. Bei der Härtung von Ölsäure setzt gleich bei Beginn der Reaktion eine stärkere Bildung von Isoöl-

---

[1] Journ. Soc. Chem. Ind. Jap. **31**, 112 B (1928).

säuren ein. Dagegen bildet sich bei der Härtung von Linsolsäureester anfänglich mehr flüssige Ölsäure, während Isoölsäure und Stearinsäure bei Beginn der Härtung nur eine geringe Zunahme erfahren. Die Menge der gebildeten flüssigen Ölsäuren ist im Anfangsstadium der Linolsäure-hydrierung bei 150° größer als bei 200°, in einem fortgeschritteneren Stadium der Härtung bilden sich größere Mengen Isoolsäure und Stearin-säure ohne merkliche Änderungen des Gehalts an flüssiger Ölsäure. Bei 200° steigt der Isoölsäuregehalt plötzlich an, während der Stearin-säuregehalt bis zu einer bestimmten Jodzahl unverändert bleibt. Die Linolsäure verschwindet bei der Jodzahl des gehärteten Linolsäureesters von etwa 78. Die Menge der bei hoher Temperatur (200°) gebildeten Isoölsäure steige mit der Menge des Katalysators, was Mazume als einen Beweis betrachtet, daß ihre Bildung nicht nur eine Folge der selektiven Hydrierung, sondern auch der Isomerisation der Öl-säure sei.

Bei niedrigerer Reduktionstemperatur erreicht der Isoölsäuregehalt ein Maximum bei verhältnismäßig weniger weit fortgeschrittenem Re-duktionsgrad; so hat Sojaöl bei der Härtung bei 150° den Höchstgehalt an Isoölsäure schon bei einer Jodzahl von 85 erreicht. Ein bei 200° auf den Schmelzpunkt von 33° gehärtetes Cottonöl enthielt 25,9% Isoölsäure, ein auf den gleichen Schmelzpunkt bei 140° hydriertes Öl nur 13,5%. Härtet man bei höherer Temperatur, so nimmt der Iso-ölsäuregehalt in einem größeren Jodzahlbereich zu; so enthielt ein bei 160—180° gehärtetes Öl der Jodzahl 72,7 32,8% Isoölsäure und ein auf die Jodzahl 69,3 reduziertes Öl sogar 50,1%.

Die Bildung von Isoölsäuren aus Ölsäure und aus Linolsäure sind also zwei verschiedene Vorgänge; in dem einen Falle handelt es sich um eine Isomerisation und Verschiebung der Doppelbindungen, im anderen Falle um die stufenweise Absättigung der einen Doppelbindung der Linolsäure. Ferner ist bewiesen, daß bei der Hydrierung Ölsäure und Isoölsäure ineinander übergehen können.

Die Härtung der Linolsäure verläuft nach Mazume im Sinne des Schemas:

Linolsäure → Ölsäure ⇄ Isoölsäure → Stearinsäure,

die der Ölsäure vielleicht nach dem Schema:

Ölsäure → Isoölsäure → Ölsäure → Stearinsäure.

Eine interessante Studie über die Bildung von Isoölsäuren bei der betriebsmäßigen Hydrierung von Sonnenblumenöl bei hohen Tempe-raturen haben Tjutjunnikow und Cholodowskaja ausgeführt. In der Tabelle 25 sind die Jod- und Rhodanzahlen und der Gehalt an festen Säuren und Isoölsäuren von hydriertem Sonnenblumenöl in verschiede-nen Stadien der Härtung angegeben.

In den ersten $1^1/_2$ Stunden wurde also ausschließlich die eine Doppelbindung der Linolsäure reduziert, während der Gehalt an gesättigten Fettsäuren unverändert blieb, wie aus der Rhodanzahl und der Differenz zwischen festen Säuren und Isoölsäuren hervorgeht. Aus der reduzierten Linolsäure entstehen Ölsäuren, deren Gesamtgehalt in den ersten $1^1/_2$ Stunden bis auf 70,9% ansteigt. Dabei gehen etwa zwei Drittel in Isoölsäuren, das letzte Drittel in flüssige Ölsäuren über. Isoölsäurebildung in dieser Periode auf Kosten der Dehydrogenisation ist höchst unwahrscheinlich. Bei weiterer Hydrierung nimmt der Isoölsäuregehalt dauernd ab, während der Gehalt an gesättigten Fettsäuren zunimmt.

Tabelle 25. Bildung von Isoölsäuren bei der Härtung von Sonnenblumenöl bei 240—275°.

Nr.	Dauer Min.	Temp. °	JZ.	RhZ.	Feste Säuren	Iso-ölsäure
1	30	240	122,6	70,2	22,7	13,6
2	60	240	105,0	70,1	38,6	26,0
3	90	270	79,8	70,3	61,0	46,7
4	120	275	71,8	67,0	67,2	47,1
5	150	275	63,7	60,0	72,1	45,4
6	180	280	56,3	53,0	73,5	37,0
7	210	280	51,0	47,6	74,7	32,3
8	240	270	41,6	40,8	75,0	21,7
9	270	275	40,3	38,8	73,5	20,4
10	300	275	38,3	37,0	71,8	13,9

Über die Mengen der während der Hydrierung neugebildeten Ölsäuren und Isoölsäuren orientiert die Tabelle 26.

Tabelle 26.

Nr.	Ölsäure	Isoölsäure	Nr.	Ölsäure	Isoölsäure
1	6,3	13,6	6	21,0	37,0
2	15,2	26,0	7	19,3	32,3
3	24,2	46,7	8	—	21,7
4	25,6	47,1	9	23,2	20,4
5	17,2	45,4	10	28,0	13,9

Im letzten Härtungsstadium scheint also die Neubildung von Ölsäure größer zu sein, vermutlich infolge Umwandlung der Isoölsäuren oder der Elaidinsäure.

4. Konstitution der Isoölsäuren.

Man bediente sich zur Feststellung der Struktur der Isoölsäure hauptsächlich folgender zwei Methoden:

1. Einwirkung von Ozon; dieses lagert sich an die Doppelbindungen an unter Bildung der entsprechenden Ozonide; bei Einwirkung von Mineralsäure werden die Ozonide an der Stelle der Doppelbindung gespalten:

$$R \cdot CH : CH \cdot R_1 + O_3 = R \cdot CH \cdot CH \cdot R_1$$
$$\diagdown \diagup$$
$$O_3$$

$$R \cdot CH \cdot CH \cdot R_1 + H_2O \rightarrow R \cdot COOH + R_1 \cdot COOH$$
$$\diagdown \diagup \qquad \downarrow$$
$$O_3$$
$$(+ R \cdot CHO + R_1 \cdot CHO)$$

2. Oxydation des Gemisches der festen Fettsäuren mit trockenem Permanganat in Aceton nach HILDITCH. Das Permanganat greift die Fettsäure ebenfalls an der Stelle der Doppelbindung an, oxydiert sie zur entsprechenden Carbonsäure, und aus der Länge der Kohlenstoffkette der erhaltenen Oxydationsprodukte lassen sich Schlüsse auf die Stellung der Äthylenbindung ziehen.

Während MOORE bei der Ölsäurehydrierung ein Gemisch von gewöhnlicher Elaidinsäure mit einer festen 11,12-Ölsäure erhielt, kamen BAUER und MITSOTAKIS[1] auf Grund der Untersuchung der Ozonidspaltprodukte der Isoölsäuren, welche sie aus bei Zimmertemperatur in alkoholischer Lösung mit Palladium als Katalysator partiell hydrierten linolsäurehaltigen Ölen erhalten haben, zu der Überzeugung, daß von den beiden Doppelbindungen der Linolsäure zuerst die 9,10-Doppelbindung, also die der Carboxylgruppe näherstehende Äthylenbindung abgesättigt wird. Sie erhielten bei der Ozonisierung ein Gemisch von Dekamethylendicarbonsäure, Capronsäure und geringe Mengen Azelainsäure. Demnach wäre die Isoölsäure eine feste 12,13-Ölsäure.

HILDITCH und VIDYARTHI untersuchten die Lage der Doppelbindungen in den bei 110—200° bei Gegenwart von Nickel partiell hydrierten Ölen durch Oxydation mit Permanganat in trockenem Aceton. Sie erhielten bei der Oxydation des bis zur Jodzahl 85,7 partiell hydrierten Linolsäuremethylesters Dicarbonsäuren mit 8, 9, 11 und 12 Kohlenstoffatomen. Daraus schließen sie auf die Anwesenheit von Ölsäure-8, Ölsäure-9, Ölsäure-11 und Ölsäure-12. Da die Menge der Säuren $C_8 + C_9$ etwa doppelt so groß war wie die der Säuren $C_{11} + C_{12}$, so folgt daraus, daß die Doppelbindung 12,13 der Linolsäure vorzugsweise hydriert wird.

Die Ergebnisse der Versuche von BAUER und von HILDITCH widersprechen sich also vollständig.

VAN DER VEEN[2] fand, daß bei der nickelkatalytischen Reduktion (bei 180°) die Linolsäure zuerst zu einem Gemisch von Ölsäure-9 und Elaidinsäure-9 abgesättigt wird; während dieses Vorganges bilden sich (bei der Reduktion von Sesamöl) höchstens 5% Stearinsäure. Das steht in völliger Übereinstimmung mit den Versuchen von HILDITCH. Ebenso führt die partielle Hydrierung des Linolsäureäthylesters zunächst zu einem Gemisch von Ölsäure-9 und Elaidinsäure-9, unter gleichzeitiger Bildung von höchstens 9% Stearinsäure. Genau wie bei Sesamöl war der Verlauf der Hydrierung von Sojaöl und Safloröl.

Die Doppelbindung 12,13 der Linolsäure wird demnach, wenigstens bei höherer Temperatur, vorzugsweise hydriert.

---

[1] Chem. Umschau, a. d. Geb. d. Fette, Öle, Wachse und Harze **35**, 137 (1928).
[2] Diss. Delft 1930.

Suzuki und Inouye[1] haben bei der Oxydation von partiell, in Gegenwart von Palladium in Tetralinlösung, hydriertem Linolsäuremethylester Dioxystearinsäure, Pelargonsäure und Azelainsäure erhalten:

$$CH_3(CH_2)_4CH : CH \cdot CH_2 \cdot CH : CH(CH_2)_7CO_2H$$

$$CH_3(CH_2)_4CO_2H + CO_2H(CH_2)_7CO_2H,$$

$$CH_3(CH_2)_4CH : CHCH_2CH : CH(CH_2)_7CO_2H$$

$$CH_3(CH_2)_4CH_2CH_2CH_2CH : CH(CH_2)_7COOH$$

$$CH_3(CH_2)_4CH_2CH_2CH_2COOH + COOH(CH_2)_7COOH.$$

Bei der Hydrierung von Ölsäureglyceriden scheint nach Untersuchungen von Ueno und Kuzei[2] hauptsächlich Elaidinsäure zu entstehen.

Partiell bis zur Jodzahl 49—50 hydriertes Tsubakiöl, dessen flüssige Fettsäuren hauptsächlich aus Ölsäure bestehen, enthielt, nach den Ergebnissen der Ozonidspaltung, vorwiegend Elaidinsäure-9 neben geringen Mengen anderer fester Ölsäuren (wahrscheinlich Ölsäure-10 und Ölsäure-11). Bei der Ölsäurehydrierung findet also neben der Isomerisation auch Verschiebung der Doppelbindung statt.

Die Linolsäure geht nach obigem in gewöhnliche Ölsäure (Elaidinsäure) über, und die von der Carboxylgruppe weiter entfernte Doppelbindung wird zuerst abgesättigt. Der Befund Bauers scheint nur den besonderen Reaktionsbedingungen zu entsprechen.

Die Hydrierung der Linolensäure ergab nach Bauer[3] die festen Δ_{12}- und Δ_{15}-Ölsäuren; also wiederum war die Lückenbindung 12,13 am schwierigsten reduzierbar. Hilditch und Vidyarthi[4] fanden dagegen, daß partiell hydrierte Linolsäure vorwiegend Δ_9- und Δ_{12}-Ölsäure enthält, während $\Delta_{15,16}$-Ölsäure nur in geringer Menge gebildet wird.

Die Hydrierung von Linolensäure wurde ferner von Van der Veen untersucht. Linolensäuremethylester wird anfänglich zu einem Gemisch von Linolsäure: $CH_3CH_2CH : CH(CH_2)_4CH : CH(CH_2)_7COOH$, und Linolsäure: $CH_3CH_2CH_2CH : CHCH_2CH_2CH : CH(CH_2)_8COOH$ reduziert. Letztere ist wahrscheinlich durch Verschiebung der Doppelbindung aus der $\Delta_{9,10,15,16}$-Linolsäure entstanden. Weitere Reduktion bis zur Jodzahl der Ölsäure führt zu einem Gemisch von Öl- und Elaidinsäure-10 und Öl- und Elaidinsäure-8, unter gleichzeitiger Bildung von 18% Stearinsäure. Die Öl-Elaidinsäure-8 kann nur aus

---

[1] Proc. Imp. Acad. Tokyo **6**, 266 (1930).
[2] Journ. Soc. Chem. Ind. Jap. **33**, 62B (1930).
[3] Chemische Umschau a. d. Geb. d. Fette, Öle, Wachse und Harze **37**, 241 (1930).   [4] Proc. Royal Soc. London A **122**, 552.

der $\Delta_{9,10,15,16}$-Linolsäure durch Verschiebung der Doppelbindung von 9,10 nach 8,9 entstanden sein.

Im Leinöl scheint die natürliche $\Delta_{9,10,12,13}$-Linolsäure schneller hydriert zu werden als die durch Reduktion der Linolensäure gebildeten isomeren Linolsäuren.

BÖESEKEN[1] untersuchte die stufenweise Reduktion von α-Eläostearinsäureester bei der stufenweisen Hydrierung von Holzöl, in Ergänzung der auf S. 106 berichteten Untersuchungen. Es konnte nochmals bestätigt werden, daß die festen, nach TWITCHELL isolierten ungesättigten Fettsäuren eine 11,12-Ölsäure enthalten.

Die augenblicklichen Kenntnisse über die Bildung und Zusammensetzung der Isoölsäuren könnte man etwa folgendermaßen zusammenfassen:

Bei der nickelkatalytischen Hydrierung von Ölsäure entstehen Elaidinsäure und auch strukturisomere Ölsäuren.

Die partielle Hydrierung von Linolsäure ergibt vorzugsweise Δ_9-Ölsäure und Elaidinsäure; durch Verschiebung der Doppelbindung entstehen hierbei auch andere Ölsäuren. Die Doppelbindung 12,13 der Linolsäure wird vorzugsweise hydriert.

Bei der Hydrierung von Linolensäure entstehen zuerst die Linolsäuren-9,15 und -10,14 und aus diesen die Ölsäuren- und Elaidinsäuren-10 und -8 oder die $\Delta_{12,13,15,16}$-Oktadekadiensäure und die Δ_{12}- und Δ_{15}-Ölsäuren, oder aber die Δ_9- und Δ_{12}-Ölsäuren.

Die gebildeten Ölsäuren scheinen vorwiegend in der stabilen Elaidinsäure-Form vorzuliegen.

Die partielle Hydrierung der konjugierte Doppelbindungen enthaltenden α-Eläostearinsäure (Holzöl) bis zur Ölsäurestufe ergibt eine feste 11,12-Ölsäure.

Die bei der Hydrierung entstehenden festen Isoölsäuren sind demnach ein Gemenge verschiedener Fettsäuren der C_{18}-Reihe. Ihre Zusammensetzung hängt teilweise von der Natur des Öles, aus welchem sie entstanden sind, ab. Ein nie fehlender Bestandteil der Isoölsäuren scheint die gewöhnliche Δ_9-Elaidinsäure zu sein. Die bisherigen Untersuchungen der Konstitution der Isoölsäuren sind leider über dieses spärliche Resultat nicht hinausgegangen.

Mit etwas größerer Sicherheit kann man sich ein Bild über die Entstehung der Isoölsäuren machen. Sie verdanken ihre Entstehung:

1. der Umwandlung der Ölsäure in ihr festes Isomeres, die Elaidinsäure;

2. der vorzugsweisen Hydrierung der einen, und zwar der von der Carboxylgruppe weiter entfernten Doppelbindung der Linolsäure;

---

[1] Versl. Akad. Wetenschap. **37**, 66 (1928).

3. der Verschiebung der Doppelbindung in der Ölsäure und den anderen ungesättigten Ölsäuren;

4. der Umlagerung der neugebildeten Ölsäuren in die Elaidin-Form.

Daß auch die Dehydrogenisation der Stearinsäure an der Bildung der Isoölsäuren beteiligt sein soll, ist unwahrscheinlich.

Anzeichen der Dehydrierung konnten zwar UENO und UEDA[1] bei der Behandlung von Tran unter hohem Wasserstoffdruck mit Kupfer-Nickelhydroxyd-Katalysatoren feststellen. Die Jodzahl des Öls stieg beim Erhitzen mit dem Oxydkatalysator allmählich von 124,8 auf 132, also immerhin recht ansehnlich, bis eine Temperatur von 140° erreicht war; erst bei Temperaturen von 150° und darüber ging die Jodzahl wieder zurück. Aber da auch die Bildung des eigentlichen Katalysators, d. h. die Reduktion der Metalloxyde ebenfalls erst oberhalb von 150° einsetzte, so beweist dieser Versuch nicht, daß auch der eigentliche metallische Katalysator dehydrierend wirken könne.

Die von ZONOW und JANWEL[2] festgestellte Zunahme der Jodzahl von Sonnenblumenöl nach Erhitzen mit Nickel und Quecksilber auf 275 bis 360° im Kohlendioxydstrome kann ebenfalls nicht als ein Beweis für die Entstehung von Ölsäure aus Stearinsäure durch Dehydrierung betrachtet werden.

Die Untersuchung der festen, bei der partiellen Hydrierung von Fetten gebildeten ungesättigten Fettsäuren wird noch dadurch erschwert, daß es nicht möglich ist, diese Säuren getrennt von den gesättigten festen Fettsäuren zu erhalten. Zur Gewinnung des Gemisches der festen Fettsäuren, also der Summe von Stearinsäure + Palmitinsäure usw., + Isoölsäuren und ihrer Trennung von den flüssigen ungesättigten Fettsäuren, welche natürlich ebenfalls bei der Härtung gebildete Ölsäuren enthalten können, bedient man sich (wie bereits erwähnt) der sog. Bleisalztrennungsmethode von TWITCHELL, welche nach einem Vorschlag von COCKS, CHRISTIAN und HARDING[3], besser als auf S. 5 angegeben, in folgender Weise ausgeführt wird:

3,5 g der aus dem Hartfett gewonnenen Fettsäuren werden in 50 ccm 92—93proz. (Gewichtsprozent) Alkohol gelöst. Ebenso werden 3,45 g Bleiacetat = $Pb(CH_3CO_2)_2\, 3\, H_2O$, in 50 ccm Alkohol der gleichen Konzentration gelöst. Bei flüssigen Ölen und Fetten mit weniger als 25% festen Fettsäuren verwendet man nur 1 g Bleiacetat. Beide Lösungen werden zum Sieden erhitzt und die Bleiacetatlösung in die Fettsäurelösung gegossen. Nach Vermischen und Aufkochen wird die Lösung langsam abgekühlt und über Nacht bei einer Temperatur von genau 15—20° stehengelassen. Am nächsten Tage filtriert man durch ein 10-ccm-Buchnerfilter in eine trockene Flasche. Der Bleisalzniederschlag wird

---

[1] Journ. Soc. Chem. Ind. Jap. **34**, 351 B (1931).
[2] Maslobojno Shirowoje Delo **1930**, Nr 9/10.   [3] Analyst **56**, 376 (1931).

fünfmal mit je 20 ccm Petroleumäther (40—60°) ausgewaschen. Die Waschflüssigkeit wird auf dem Wasserbade von Petroleumäther vollständig befreit und der Rückstand in der Siedehitze in 20 ccm 92—93 proz. Alkohols, dem man einen Tropfen (0,05 g) Eisessig zugesetzt hat, gelöst. Man läßt nun 3 Stunden bei 15—20° krystallisieren. Die auskrystallisierten Bleisalze werden mit 20 ccm kalten 92—93 proz. Alkohols ausgewaschen und der Krystallniederschlag mit der Hauptmenge der unlöslichen Bleisalze, welche nach Auswaschen mit Petroleumäther zurückgeblieben sind, vereinigt. Die Salze werden nunmehr mit verdünnter Salpetersäure in Gegenwart von Alkohol zersetzt, von der Salpetersäure ausgewaschen, getrocknet usw. Die festen Fettsäuren werden gewogen und ihre Jodzahl bestimmt. Für die Ermittlung des Gehaltes an Isoölsäure legt man die Jodzahl 90 zugrunde; will man den Gehalt an Erucasäure aus Rüböl ermitteln, so nimmt man als Jodzahl der ungesättigten Fettsäuren 75,5 an.

Nach dieser Methode werden in partiell hydrierten Ölen viel größere Mengen Isoölsäuren erhalten als nach der ursprünglichen Methode von TWITCHELL.

Beträgt die Jodzahl der festen, aus den unlöslichen Bleisalzen gewonnenen Fettsäuren mehr als 5, dann liegen mit Bestimmtheit Isoölsäuren vor. Das Verfahren ist also gleichzeitig eine Methode zum Nachweis von partiell hydrierten Fetten, nicht aber eine Methode zu ihrer Bestimmung. Der Gehalt der partiell hydrierten Fette an Isoölsäuren ist nämlich nicht nur davon abhängig, wie weit die Hydrierung getrieben worden ist (in vollständig reduzierten Fetten sind Isoölsäuren überhaupt nicht vorhanden), sondern er wechselt auch, wie bei Behandlung der selektiven Hydrierung gezeigt worden ist, mit der Natur des zur Härtung verwendeten Öles und mit den Reaktionsbedingungen.

Tabelle 27. Isoölsäuregehalt partiell hydrierter Fette.

Hydriertes Öl	Jodzahl	Feste gesättigt %	Fettsäuren ungesättigt (Isoölsäuren) %
Waltran	57,5	40	27,0
,, ...	72,4	28,7	33,5
,, ...	37,2	57,4	16,8
Cottonöl	74,7	29,6	34,3
,, ...	80,1	26,9	32,3
,, (ungehärtet) .	107,0	24,2	1,9
Olivenöl (ungehärtet) .	85,6	12,3	1,9
,, (gehärtet) . .	80,0	14,9	20,8
,, ...	73,5	21,8	22,6
,, ...	35,7	61,2	26,2
Erdnußöl	62,4	32,2	45,4

Über eine Methode zur Bestimmung des Hartfettgehaltes in Fettgemischen verfügen wir zur Zeit noch nicht; dieser läßt sich nur annähernd aus der Jodzahl der festen Fettsäuren berechnen.

In der Tabelle 27 sind die nach der oben beschriebenen Methode ermittelten Gehalte von verschiedenen Hartfetten an gesättigten und ungesättigten festen Fettsäuren zusammengestellt.

Alle Untersuchungen über die Konstitution der ungesättigten festen Hartfettsäuren wurden an den nach dieser oder nach analogen Methoden erhaltenen Gemischen der gesättigten und ungesättigten festen Fettsäuren ausgeführt; weder auf dem Wege der fraktionierten Krystallisation noch nach irgendeiner anderen Methode gelang es, die Isoölsäuren rein zu erhalten. Infolgedessen kann auch vorläufig nichts Bestimmtes über das technische Verhalten der Isoölsäuren, sei es in der Seifenfabrikation oder in der Nahrungsmittelindustrie, gesagt werden, und es ist deshalb nicht verwunderlich, daß sich die Anschauungen über diese Fragen noch stark widersprechen.

Die relative Hydrierungsgeschwindigkeit von freien Fettsäuren und von Fettsäureglyceriden.

Die Angaben der Literatur über die relative Hydrierungsgeschwindigkeit von Fettsäuren und Neutralfetten sind voll von Widersprüchen.

KAILAN[1] beobachtete, daß reine Ölsäure mit größerer Geschwindigkeit Wasserstoff anlagere als ihr Glycerid (Olivenöl). Auch von anderen Forschern wurde mitunter die gleiche Beobachtung gemacht. Eine große Zahl von Untersuchungen spricht wiederum dafür, daß die neutralen Fette schneller reduziert werden als das entsprechende Gemisch der freien Fettsäuren. In der Praxis werden ausschließlich neutrale Öle hydriert. Dagegen steht es fest, daß die Gegenwart von freien Fettsäuren im neutralen Öl, soweit natürlich keine anderen Verunreinigungen gleichzeitig enthalten sind, wie beispielsweise in Rohölen, die Hydrierungsgeschwindigkeit eher begünstigt.

Nach PELLY[2] wird in einem Gemisch von Neutralöl und freien Fettsäuren letztere viel schneller reduziert als der neutrale Ölanteil. In einem hydrierten Cottonöl der Jodzahl 80,7, welches 15% freie Fettsäuren enthielt, hatte der neutrale Ölanteil die Jodzahl 91,8, während die freien Fettsäuren bis zur Jodzahl 17,1 reduziert und folglich hochgradig abgesättigt waren. In dem Gemisch von Neutralöl und Fettsäure wird demnach vorzugsweise die freie Fettsäure abgesättigt. Auch das dürfte zu partiell hydrierten Fetten führen, die anders zusammengesetzt sind als ein Fett gleicher Jodzahl, welches durch Reduktionen eines fettsäurefreien Öles hergestellt wurde. Enthält doch das Cottonölhartfett obigen Beispieles beinahe 12% neugebildeter Stearinsäure bei der relativ hohen Jodzahl von 80,7. Während freie 100proz. Fettsäuren schwerer reduzierbar sind, ist die Reduktionsgeschwindigkeit eines Gemisches von Neutralöl und Fettsäuren größer als die der Fettsäuren oder des Neutralöles für sich allein. Die Reduktion des neutralen

---

[1] Monatshefte d. Chemie **1931**, 308.
[2] Journ. Soc. Chem. Ind. **46**, 449 T.

Fettanteiles wird allerdings durch die Gegenwart großer Mengen von Fettsäuren verzögert.

Aus den auf S. 58 berichteten Versuchen folgt, daß die Wasserstoff-Absorptionsgeschwindigkeit der Ölsäure viel kleiner ist als die des Glycerids. Auch aus den Versuchen von ANDREWS folgt, daß freie Fettsäuren die Härtungsgeschwindigkeit von neutralen Ölen beschleunigen.

Für diese Tatsache versucht PELLY eine theoretische Erklärung zu geben, wobei er sich auf die von ARMSTRONG und HILDITCH entwickelte Hypothese der Wirkung der freien Carboxylgruppe auf die Hydrierung (vgl. S. 58) stützt. Er nimmt an, daß die Fettsäuren eine größere Affinität zum Nickelkatalysator haben als Neutralöle, so daß sie sich fester als diese an die Nickeloberfläche assoziieren; die Nickeloberfläche überzieht sich dadurch mit einem Film, der den Zutritt des Wasserstoffs erschwere. Ist auch neutrales Öl zugegen, so lockert letzteres die Bindung, indem es vielleicht die Fettsäure etwas vom Nickel entfernt. So ließe sich vielleicht die vorzugsweise Hydrierung der Fettsäuren im Gemisch mit Neutralöl und andererseits die verzögerte Hydrierung von freien Fettsäuren deuten. Nach Untersuchungen von WELLS und SOUTHCOMBE[1] beeinflussen Fettsäuren die Oberflächenspannung von Glyceriden, was zugunsten dieser Hypothese spricht.

Eine andere Möglichkeit wäre die Bildung von Nickelseifen. Selbstverständlich werden bei der Hydrierung freier Fettsäuren größere Mengen Nickelseifen entstehen können als bei der Reduktion von neutralen Fetten. Tatsächlich sind gehärtete Fettsäuren mitunter durch gelöstes Nickel grün gefärbt.

Daß die Seifenbildung bei der Härtung von Fettsäuren größer ist als bei der Hydrierung von neutralen Fetten, zeigt eine Untersuchung von DE ROUBAIX[2]. Infolge der bei der Zersetzung des Nickelformiats stattfindenden Seifenbildung konnte Ölsäure nicht durch Erhitzen mit Nickelformiat im Wasserstoffstrom reduziert werden. Mit Nickel, erhalten durch Trockenreduktion des Formiats, gelang dagegen die Härtung der Ölsäure ohne irgendwelche Schwierigkeiten. Es wurde festgestellt, daß bei der Zersetzung des Nickelformiats in Ölsäuresuspension etwa 19% des Nickels in Nickeloleat übergegangen sind. Der größte Teil der Nickelseife verbleibt im Katalysator und macht diesen unwirksam. Die langsame Reduktion von freien Fettsäuren ist also vielleicht ein Resultat der Seifenbildung, welche den Katalysator umhüllt und ihn weniger wirksam macht.

Gesättigte freie Fettsäuren sollen die Hydrierung von Neutralölen erheblich verzögern, was sich ebenfalls mit den theoretischen Anschauungen von ARMSTRONG und HILDITCH in Einklang bringen läßt.

---

[1] Journ. Soc. Chem. Ind. **39**, 51 T (1920).
[2] Bull. Soc. Chim. Belgique **33**, 193.

Fetthärtung bei hohem Wasserstoffdruck.

Bei extrem hohen Drucken nimmt der Verlauf der Hydrierungs-
reaktion eine ganz andere Richtung an. Der auffälligste Unterschied
gegen die Ölhärtung bei gewöhnlichem oder schwach erhöhtem Druck
zeigt sich darin, daß sämtliche Öle, auch in Gegenwart von Nickelkatalysatoren, sich bei jeder beliebigen Temperatur glatt hydrieren
lassen. Ein weiterer Unterschied ist der, daß die bei Hochdruck und
niedrigen Temperaturen gehärteten Öle viel reicher an gesättigten festen
Fettsäuren und viel ärmer an Isoölsäuren sind als die gewöhnlichen
Hartfette. Infolge des höheren Gehaltes an gesättigten Fettsäuren
zeigen sie, bei gleicher Jodzahl, einen höheren Schmelzpunkt als unter
normalen Verhältnissen (180°, gewöhnlicher Druck) hergestellte Hartfette.

Die nach den beiden Verfahren erhaltenen gehärteten Fette sind also
in jeder Hinsicht verschieden.

Die erste systematische Untersuchung über die Härtung von Ölen
(Leinöl) bei sehr hohem Wasserstoffdruck wurde von WATERMAN und
VAN DIJK ausgeführt[1].

In der Tabelle 28 sind die Ergebnisse zusammengestellt, welche die
holländischen Forscher bei der Hydrierung von Leinöl bei Hochdruck
und niedrigen Temperaturen erhalten haben und zum Vergleich sind
auch die Hydrierungsergebnisse des gleichen Öles bei 180° und gewöhnlichem Druck angegeben.

Tabelle 28. Hydrierung von Leinöl unter Hochdruck.

Kataly-sator %	Druck at	Temp. °	Rhondan-zahl	Jodzahl	Ges. Fett-säuren (BERTRAM)	Schmelz-punkt °
2	146	80	63	80	34	58
2	146	76	57	76	38	58
3	195	46	35	40	45	59
2	—	180	72,9	71	23	42
2	—	180	59,8	57	—	48

Die Schmelzpunkte der bei Hochdruck behandelten Fette liegen
teilweise um 10° höher als die der Öle gleicher Jodzahl, welche bei
180° und Normaldruck gehärtet worden sind. Man sieht ferner, daß
die Rhodanzahl bei der Hochdruckhärtung viel stärker zurückgeht als
bei Durchführung der Reduktion bei gewöhnlichem Druck. Das beweist,
daß die Reaktion bei niedrigerer Temperatur und hohem Druck viel
weniger selektiv verläuft, daß also beide Doppelbindungen der Linolsäure gleichzeitig angegriffen werden, worauf natürlich die prozentual
größere Bildung von gesättigten Fettsäuren zurückzuführen ist. Ob

---

[1] Rec. trav. chim. Pays-Bas **50**, 279 (1931).

dies eine Folge des höheren Wasserstoffdruckes oder der niedrigeren Temperatur ist, läßt sich nicht mit Sicherheit sagen, aber vermutlich spielt hier die niedrigere Temperatur die entscheidende Rolle.

Technisch von Wichtigkeit ist, daß man zur Härtung eines Öles auf einen bestimmten Schmelzpunkt bei Anwendung von extrem hohen Drucken weniger Wasserstoff benötigt als bei gewöhnlichem Druck, erhält dabei allerdings anders zusammengesetzte Reaktionsprodukte. Die unter hohem Druck erhaltenen Fette waren durch einen sehr scharfen, an Acrolein erinnernden Geruch gekennzeichnet, der sich durch Behandeln mit Wasserdampf bei 150° leicht beseitigen ließ. Der Reaktionsverlauf scheint durch den Druck und die Temperatur weitgehend beeinflußt zu werden.

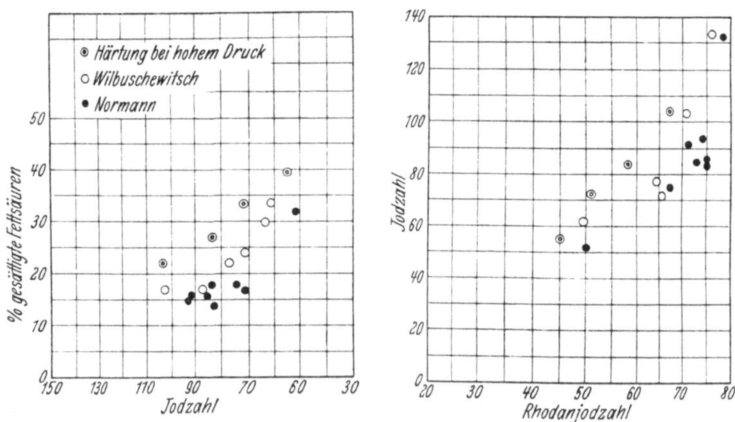

Abb. 36. Hochdruckhärtung von Sojaöl.

Ähnliche Beobachtungen wurden bei der Härtung von Sojaöl unter sehr hohen Drucken und niedrigen Temperaturen gemacht. Selbst bei dem nur etwas erhöhten Druck des Wilbuschewitschverfahrens zeigt sich bereits die gesteigerte Neigung zur Bildung gesättigter Fettsäuren.

In Abb. 36 sind die Gehalte an gesättigten Fettsäuren und die Rhodanzahlen der zu verschiedenen Jodzahlen 1. bei dem Hochdruck von 130—146 at und einer Temperatur von 32—55°, 2. bei Normaldruck und 180° und 3. der bei einem Überdruck von einigen Atmosphären im Wilbuschewitschapparat gehärteten Sojaöle wiedergegeben. Man sieht deutlich, daß mit steigendem Druck und sinkender Temperatur der Gehalt an Stearinsäure bei der Härtung relativ schnell zunimmt und der ganze Verlauf der Hydrierung abnehmend selektiv wird.

Die Versuche WATERMANS stellen gleichzeitig einen einwandfreien Beweis dafür dar, daß man auch ohne Anwendung von Lösungsmitteln die Öle mit Nickelkatalysatoren bei gewöhnlicher oder nur schwach erhöhter Temperatur ohne Schwierigkeiten härten kann, so daß man an eine praktische Ausführung der Härtung bei ganz niedrigen Temperaturen denken könnte. Der Befund ist von größter Wichtigkeit, denn sämtliche Verfahren der Praxis arbeiten bei Temperaturen von mindestens 160—180° und darüber.

In Übereinstimmung mit WATERMAN fand NORMANN[1], daß die nickelkatalytische Härtung von Ölen bei hohen Drucken bei Zimmertemperatur durchgeführt werden kann, wenn dafür Sorge getragen wird, daß das Festwerden des Reaktionsgemisches durch Zusatz eines Lösungsmittels verhindert wird.

So konnte Leinöl in ätherischer Lösung im Schüttelautoklav bei 400 at Druck bei gewöhnlicher Temperatur bis zur Jodzahl 78 reduziert werden. Die festen Fettsäuren des hydrierten Öles hatten die Jodzahl 17, enthielten also etwa 20% Isoölsäuren; die flüssigen Fettsäuren hatten die Jodzahl 110—111, enthielten demnach noch ansehnliche Mengen Linolsäure. Die Härtung verläuft also bei tiefer Temperatur und hohem Druck weniger selektiv, denn ein bei 180° bis zur Jodzahl 78 gehärtetes Leinöl ist frei von Linolsäure.

Andererseits enthielt ein bei 400 at und Zimmertemperatur in ätherischer Lösung weitgehend, bis zur Jodzahl 29, hydriertes Erdnußöl noch gewisse Mengen Isoölsäuren. Es folgt daraus, daß der selektive Charakter der Hydrierung auch bei Zimmertemperatur nicht ganz verlorengeht, sondern nur stark zurückgedrängt wird. Daß ein so weitgehend gehärtetes Erdnußöl noch Isoölsäuren enthielt, läßt darauf schließen, daß nicht nur die bevorzugte Hydrierung der Linolsäure, die im Erdnußöl nur zu einem geringen Betrage enthalten ist, sondern auch die Isomerisation der Ölsäure selbst noch unter dem Einfluß des Nickels und des Wasserstoffs bei gewöhnlicher Temperatur stattfindet.

Dieser Befund steht in einem gewissen Widerspruch zu den früher (s. S. 99) mitgeteilten Untersuchungen über den Einfluß der Temperatur auf die Bildung von Isoölsäuren. Vielleicht war die Gegenwart des Lösungsmittels nicht ohne Einfluß.

Nach Versuchen von UENO und seinen Mitarbeitern[2] verläuft die Hydrierung von Ölen unter höherem Wasserstoffdruck selbst bei höheren Temperaturen sehr wenig selektiv. So zeigte ein beinahe vollständig, bis zur Jodzahl 10, reduziertes Sardinenöl (Japantran) noch eine größere Diskrepanz zwischen Jodzahl und Rhodanzahl[3], ein Beweis, daß das

---

[1] Chem. Umschau a. d. Geb. d. Fette, Öle, Wachse u. Harze **1931**, 289.

[2] Journ. Soc. Chem. Ind. Jap. **1931**, 191 B, 351 B.

[3] Die von H. P. KAUFMANN ausgearbeitete Methode der Rhodanzahlbestimmung ist ein äußerst wertvolles Mittel zur Bestimmung von höher als Ölsäure ungesättigten Fettsäuren in Gemischen mit Ölsäuren oder deren Glyceriden. Die Rhodanzahl entspricht der von 100 g Fett verbrauchten Menge Rhodan, ausgedrückt

Fett noch höher als Ölsäure ungesättigte Fettsäuren enthielt. Ein zur Jodzahl 73,9 bei 50 at gehärteter Tran enthielt nur 8,1% Isoölsäure; der Isoölsäuregehalt war also ganz erheblich niedriger als in bei normalem Druck gehärteten Ölen.

Wie weitgehend die Eigenschaften der gehärteten Fette durch hohen Druck beeinflußt werden können, beweist z. B. die Tatsache, daß ein unter einem Druck von 50 at Wasserstoff bei 180° gehärtetes Fischöl der Jodzahl 115 vollkommen fest war (das zur Hydrierung verwendete Öl hatte die Jodzahl 124,8) und den Schmelzpunkt 25—28° hatte. Das unter gewöhnlichem Druck bei einer gleichen Temperatur reduzierte Öl war noch bei einer Jodzahl von 100 vollkommen flüssig. Daraus muß geschlossen werden, daß der selektive Charakter der Hydrierung nicht bloß bei starker Erniedrigung der Temperatur, sondern auch bei größerer Erhöhung des Druckes mehr oder weniger verlorengehen kann.

------

durch die äquivalente Menge Jod. Ihr großer analytischer Wert besteht darin, daß die Jodzahl der Linolsäure doppelt so groß ist wie ihre Rhodanzahl, d. h. daß Linolsäure dieselbe Rhodanzahl hat wie Ölsäure und die Jodzahl und Rhodanzahl der Ölsäure identisch sind. Aus der Diskrepanz von Jodzahl und Rhodanzahl läßt sich deshalb die prozentuale Zusammensetzung der Fette ermitteln. Dazu sind folgende Formeln der Auswertung nötig:

Bei Fetten, die neben gesättigten Bestandteilen (G) nur einfach ungesättigte Säuren (O) und Linolsäure (L) enthalten, wird der Prozentgehalt der einzelnen Anteile nach folgenden Gleichungen berechnet:

$$\text{Glyceride} \begin{cases} G = 100 - 1{,}158 \ \text{RhZ.} \\ O = \quad\quad 1{,}162 \ (2 \ \text{RhZ.} - \text{JZ.}) \\ L = \quad\quad 1{,}154 \ (\text{JZ.} - \text{RhZ.}). \end{cases}$$

Enthalten die zu untersuchenden Fette mehr als 1% Unverseifbares, so werden daraus die Gesamtfettsäuren in Freiheit gesetzt und ihre Rhodan- und Jodzahl zugrunde gelegt; in diesem Fall sind folgende Formeln zu benutzen:

$$\text{Fettsäuren} \begin{cases} G = 100 - 1{,}108 \ \text{RhZ.} \\ O = \quad\quad 1{,}112 \ (2 \ \text{RhZ.} - \text{JZ.}) \\ L = \quad\quad 1{,}104 \ (\text{JZ.} - \text{RhZ.}). \end{cases}$$

Bei Fetten, die außerdem noch Linolsäuren (Le) enthalten, müssen die gesättigten Anteile (G) auf präparativem Wege bestimmt werden (vorteilhaft nach der Methode von BERTRAM); die übrigen Bestandteile berechnen sich dann aus Jodzahl und Rhodanzahl des ursprünglichen Fettes nach folgenden Gleichungen:

$$\text{Glyceride} \begin{cases} O = (100 - G) - 1{,}154 \ (\text{JZ.} - \text{RhZ.}) \\ L = (100 - G) - 1{,}154 \ (2 \ \text{RhZ.} - \text{JZ.}) \\ Le = - \ (100 - G) + 1{,}154 \ \text{RhZ.} \end{cases}$$

Unter den Voraussetzungen der für die Fettsäuren angegebenen Gleichungen berechnen sich die prozentualen Mengen der einzelnen Bestandteile nach den Gleichungen:

$$\text{Fettsäuren} \begin{cases} O = (100 - G) - 1{,}104 \ (\text{JZ.} - \text{RhZ.}) \\ L = (100 - G) - 1{,}104 \ (2 \ \text{RhZ.} - \text{JZ.}) \\ Le = - \ (100 - G) + 1{,}104 \ \text{RhZ.} \end{cases}$$

(Entnommen den „Einheitsmethoden" der Wizöff.)

Von weittragendster Bedeutung für die Praxis ist die Beobachtung, daß bei der Hochdruckhärtung zur Gewinnung eines Fettes von bestimmtem Schmelzpunkt nur ein Teil der bei Normaldruckhärtung verbrauchten Wasserstoffmenge notwendig ist.

Die technische Bedeutung der Hochdruckhärtung beschränkt sich aber nicht nur auf obige Feststellung. UENO hat nachgewiesen, daß man mit einem Kupfer-Nickeloxyd-Katalysator unter einem Druck von 50 at Fischöle schon bei einer Temperatur von 180° vollständig und glatt zu jeder beliebigen Jodzahl reduzieren kann. Selbst bei 150° läßt sich ein Gemisch von Kupfer- und Nickelhydroxyd in der Suspension mit Öl unter hohem Druck zu Metall reduzieren.

Die erst in der allerletzten Zeit begonnenen Untersuchungen über die Ölhärtung unter hohen Drucken werden vielleicht nicht ohne Einfluß auf die weitere Entwicklung der technischen Härtungsverfahren bleiben; sie zeigen, daß man die Härtung unter Hochdruck bei wesentlich tieferen Temperaturen durchführen kann und daß es möglich ist, bei der Härtung geringere Wasserstoffmengen zu verbrauchen als bei den jetzt üblichen Verfahren, wenn man an Stelle des gewöhnlichen oder wenig erhöhten Druckes die Reaktion unter hohem Wasserstoffdruck vornimmt.

Die Technik der Hochdruckapparatur und das Arbeiten unter hohen Drucken ist heutzutage als ein gelöstes Problem zu betrachten; die Übertragung der Hochdruckarbeit auf die Ölhärtung wird noch dadurch wesentlich vereinfacht, daß nur niedrige Temperaturen in Betracht kommen. Der Ausführung der Ölreduktion bei Drucken von 100—200 at würde rein technologisch nichts im Wege stehen. Die Hochdruckhydrierung von Fetten wird sogar bereits in technischem Maßstabe ausgeübt, und zwar zwecks Gewinnung von hochmolekularen Fettalkoholen.

Wirtschaftlich würde man bei der Hochdruckhärtung eine Ersparnis an Wärme und an Wasserstoff erreichen. Allerdings würde man auch Erzeugnisse anderer Zusammensetzung und anderer Eigenschaften bekommen als bei den bisherigen Niederdruckverfahren.

Die unter Hochdruck hergestellten Fette mittlerer Härte, wie sie von der Margarineindustrie verlangt werden, wären durch einen höheren Gehalt an Stearinsäure gekennzeichnet; außerdem würden sie nicht frei von Linolsäure oder noch höher ungesättigten Bestandteilen sein, was natürlich nicht ohne Einfluß auf ihren Geschmack, ihre Haltbarkeit und sonstige Eigenschaften bleiben wird. Qualitativ wären also die unter Hochdruck hergestellten Hartfette den bei höherer Temperatur und niedrigem Druck erhaltenen Produkten vielleicht unterlegen.

Der von WATERMAN geäußerten Ansicht, daß die Hochdruckhärtung auch insoweit einen Fortschritt bedeute, weil sie zu isoölsäurefreien oder isoölsäurearmen Produkten führe, die nur natürliche Fettbestandteile enthalten, während die Isoölsäure als eine in der Natur nicht vorkommende Fettkomponente weniger wertvoll sei, kann nicht ohne Vorbehalte beigepflichtet werden. Es fehlt noch der Beweis, daß die Glyceride der Isoölsäuren tatsächlich weniger gut verdaulich oder sonstwie ernährungsphysiologisch von geringerem Wert sind als die Glyceride der natürlichen Fettsäuren. Ferner fehlt noch der Beweis dafür, daß Isoölsäuren weniger wertvolle Seifen ergeben als beispielsweise Stearinsäure und die hochungesättigten Fettsäuren.

Wo aber die innere Zusammensetzung des Hartfettes ohne besondere Bedeutung ist und es lediglich auf die Gewinnung eines festen Fettes ankommt, dürfte schon heute die Hochdruckhydrierung wichtige Vorteile bieten. Sollte es noch gelingen, durch Wahl entsprechender Katalysatoren den auch bei hohen Drucken und niedrigen Temperaturen immerhin nicht ganz verlorengehenden selektiven Charakter der Hydrierung in positivem Sinne zu beeinflussen, ähnlich wie dies bei der Normaldruckhärtung bereits gelungen ist, dann wäre ein wichtiges Hindernis überwunden, welches sich vorläufig noch der praktischen Durchführung der Hochdruckhärtung entgegenstellt.

Durch die Hochdruckhärtung wird zum erstenmal ein Weg angezeigt, auf welchem man die seit langer Zeit angestrebte Gewinnung von vitaminhaltigen Hartfetten verwirklichen könnte. Die bei normalen Härtungsbedingungen hergestellten Fette sind vollständig frei von diesen lebenswichtigen Ergänzungsstoffen; ob letztere durch die hohe Reaktionstemperatur, durch Reduktion oder durch den in der Apparatur und im Wasserstoff enthaltenen Sauerstoff vernichtet werden, kann nicht mit Sicherheit gesagt werden. Fest steht aber, wie im nachfolgenden Abschnitt näher erläutert werden soll, daß bei der Härtung von Fischölen und anderen vitaminhaltigen Fetten bei niederen Temperaturen ein großer Teil ihrer biologischen Aktivität erhalten bleibt. Die Hochdruckhärtung eröffnet also einen neuen Weg zur Gewinnung von vitaminhaltigen Kunstspeisefetten und ebenso zur Gewinnung von leichter zuträglichen Tranpräparaten für rein medizinische Zwecke.

Einfluß der Härtung auf den Vitamingehalt und die biologische Aktivität der Fette.

Die in bestimmten Arten von Nahrungsmitteln enthaltenen Vitamine haben einen entscheidenden Einfluß auf die Verwertung der aufgenommenen Nahrung durch den menschlichen oder tierischen Organismus. Ihr Fehlen in der Nahrung hat die unter dem Namen Avitaminosen bekannten Krankheitserscheinungen zur Folge.

Die wichtigsten Vitaminquellen sind zwar nicht die Fette, sondern bestimmte Arten von Gemüse, Obst sowie Milch. Nur bei gemüse-

und milcharmer Kost kann das Fehlen von Vitaminen im Fett von Bedeutung werden. Durch den Genuß vitaminfreier Fette hervorgerufene Gesundheitsstörungen sind deshalb eine große Seltenheit, da selbst in der Ernährung der ärmsten Bevölkerungsschichten die Fette niemals die Hauptquelle der Vitaminzufuhr darstellen.

Man teilt die Fette in fettlösliche und wasserlösliche ein.

Zu den fettlöslichen gehören das Vitamin A (fettlösliches Vitamin A, Ophthalmin, Vitasterin), das wachstumfördernde und antixerophthalmische Vitamin, welches für das Körperwachstum unentbehrlich ist; das Vitamin D (Rachitamin, Rachitasterol), dessen Fehlen Rachitis hervorruft, und das Vitamin E (Sterilamin) oder das Antisterilitätsvitamin.

Von diesen 3 Vitaminarten ist nur das Vitamin D in einigen Fettarten, so insbesondere in den Tranen und in der Butter stärker vertreten. Das zweitwichtige Vitamin, das in einer größeren Reihe von Fetten enthalten ist, ist das Vitamin A, an welchem insbesondere die carotinhaltigen Fette wie Palmöl auch auch Tran reich sind. Bestimmte Gemüsearten, insbesondere Karotten, enthalten aber erheblich mehr an diesem wachstumfördernden Ergänzungsnährstoff.

Das antixerophthalmische Vitamin A ist nach Untersuchungen von KARRER, von EULER, DRUMMOND u. a. ein dem Carotin sehr nahestehender Körper.

KARRER, MORF und SCHÖPP[1] haben aus Fischtran ein weitgehend gereinigtes Vitamin-A-Präparat isoliert. Das Produkt hat die Bruttoformel $C_{20}H_{30}O$ oder $C_{22}H_{32}O$. Die Verbindung ist ein Alkohol und läßt sich verestern. Das Vitamin A ist optisch inaktiv, während das Carotin aus einer aktiven und einer inaktiven Modifikation zu bestehen scheint. Die Konstitution des Vitamins A dürfte einer der nachstehenden Formeln entsprechen.

$$\begin{array}{c} H_3C \diagdown \diagup CH_3 \\ C \\ H_2C \diagup\diagdown \;\; C\!-\!CH = CH\!-\!\overset{\displaystyle CH_3}{C} = CH\!-\!CH = CH\!-\!\overset{\displaystyle CH_3}{C} = CH\!-\!CH_2OH \\ H_2C \diagdown\diagup \;\; C\!-\!CH_3 \\ CH_2 \end{array}$$

$$\begin{array}{c} H_3C \diagdown \diagup CH_3 \\ C \\ H_2C \diagup\diagdown \;\; C\!-\!CH = CH\!-\!\overset{\displaystyle CH_3}{C} = CH\!-\!CH = CH\!-\!\overset{\displaystyle CH_3}{C} = CH\!-\!CH = CH\!-\!CH_2OH. \\ H_2C \diagdown\diagup \;\; C\!-\!CH_3 \\ CH_2 \end{array}$$

In der Fettgruppe ist das Vitamin A besonders im ungebleichten Palmöl enthalten, dessen Farbstoff nach KOBAYASHI, YAMAMOTO und

---

[1] Helv. chim. Acta **1931**, 1432.

ABE[1] mit Carotin identisch sein soll (eine unrichtige Angabe), ferner im Lebertran u. a. So gibt ungebleichtes Palmöl mit japanischem saurem Ton eine ähnliche violette Farbenreaktion wie Vitamin A und Lebertran; auch zeigt es die charakteristische blaue Farbenreaktion mit Antimontrichlorid, die man zur colorimetrischen Bestimmung des Vitamingehalts allgemein verwendet.

Das antirachitische Vitamin D scheint ein Isomeres des gewöhnlichen Cholesterins zu sein; größeren Vitamin-D-Gehalt zeigt Lebertran; die wirksame Substanz geht beim Verseifen des Trans in das Unverseifbare über.

Bei Bestrahlung der Sterine mit ultraviolettem Licht erhält man Körper mit Vitamin-D-Eigenschaften, welche sich von den unbestrahlten Präparaten nur durch ihr Absorptionsspektrum unterscheiden. Man nennt die durch Bestrahlung von Sterinen hergestellten Vitamin-D-Präparate Provitamine. Mit dem Provitamin ist das in der Hefe enthaltene Ergosterin identisch.

Neuerdings gelang es WINDAUS, LÜTTRINGHAUS und DEPPE[2], Vitamin D in krystallisierter Form zu erhalten. Es ist ein Isomeres des Ergosterins und hat die Formel $C_{27}H_{42}O$. Das Produkt ist bei gewöhnlicher Temperatur unverändert haltbar und zersetzt sich bei $180°$. Durch Alkohol und Natrium wird es reduziert. Die Umsetzungsprodukte sind antirachitisch unwirksam, aber stark toxisch.

Das Fehlen des dritten fettlöslichen Vitamins, des Vitamins E, führt zur Degeneration der Sexualdrüsen; es kommt vorwiegend in Weizen- und Malzkeimlingen und anderen Pflanzenprodukten vor.

Kuhbutter enthält alle drei Arten von fettlöslichen Vitaminen, sie kann also, namentlich bei gemüsearmer Kost, eine wichtigere Vitaminquelle für den menschlichen Körper sein.

Die Rohstoffe der Margarinefabrikation, d. h. die bei hohen Temperaturen raffinierten und stark ausgebleichten Öle und ebenso die bei hohen Temperaturen gehärteten Fette, enthalten keine oder nur höchst unzureichende Vitaminmengen. Auch die tierischen Fettstoffquellen der Margarinefabrikation sind sehr vitaminarm oder vitaminfrei.

Man versucht deshalb seit längerer Zeit, Margarine durch Zusatz von besonderen Präparaten, von Karottenextrakten, durch Ultraviolettbestrahlung der Rohprodukte usw. künstlich zu vitaminisieren.

Die Bedeutung der Vitaminisierung von Margarine ist übrigens stark übertrieben worden. Es wurde bereits erwähnt, daß bei halbwegs normaler Kost die Fette als Vitaminquellen nur eine untergeordnete Rolle spielen, namentlich da die vitaminreicheren Nahrungsmittel, Gemüse und Obst, gleichzeitig zu den wohlfeilsten gehören. Die Bestrebungen

---

[1] Journ. Soc. Chem. Ind. Jap. **34**, 434 B (1931).
[2] Anm. Chem. **489**, 252 (1931).

zur künstlichen Vitaminisierung von Margarine entsprechen deshalb weniger einem tatsächlichen Bedürfnis; es handelt sich hier vielmehr um eine Frage der Wettbewerbsfähigkeit gegenüber Naturbutter, d. h. der Bekämpfung eines weniger aus rein gesundheitlichen und mehr aus wirtschaftlichen Gründen erhobenen Vorwurfs, welcher den Konsum der Margarine gefährden konnte.

Daß aber eine vitaminhaltige Margarine wertvoller ist als eine vitaminfreie, kann natürlich nicht bestritten werden.

Bei der Bekämpfung der Rachitis spielt bekanntlich Lebertran als Vitamin-D-Quelle eine hervorragende Rolle. Da Trane auch das wachstumfördernde Vitamin A enthalten, so sind sie, namentlich im Kindesalter, von größerer Wichtigkeit. Die Verabfolgung des Trans ist aber wegen seines unangenehmen Geschmacks und Geruchs mit Schwierigkeiten verknüpft.

Der spezifische Trangeschmack läßt sich durch Härtung leicht beseitigen. Der Herstellung eines gehärteten Trans unter restloser Erhaltung seiner biologischen Aktivität käme deshalb vom medizinischen Standpunkte aus eine größere Bedeutung zu.

Dem Verhalten der Vitamine bei der katalytischen Reduktion der Trane wurde eine größere Reihe von Untersuchungen gewidmet, deren Ziel die Erhaltung der Vitaminaktivität war. Die Untersuchungen beschränken sich auf das Vitamin A und D; über das Vitamin E ist vorläufig noch nichts Genaueres bekannt.

Die Ergebnisse dieser Untersuchungen sind recht widerspruchsvoll. Es scheint aber festzustehen, daß bei den gewöhnlichen Härtungsverfahren (bei höheren Temperaturen) die Vitamine restlos zerstört werden und daß es noch nicht gelungen ist, die Hydrierung so durchzuführen, daß die Vitamine gänzlich unangegriffen bleiben. Auch darüber ist man sich noch nicht im klaren, ob die Zerstörung der Vitamine bei der Härtung eine Folge der Reduktion ist oder nicht; es ist möglich, daß die Abnahme der biologischen Aktivität eine Folge der Einwirkung der hohen Temperatur oder auch eine Oxydationserscheinung, hervorgerufen durch den in der Apparatur und im Wasserstoff enthaltenen Sauerstoff, ist. Bekannt ist, daß das Vitamin A oxydationsempfindlich und wenig hitzebeständig ist; das Vitamin D widersteht leichter höheren Temperaturen.

DRUMMOND[1] fand, daß bei 250° hydrierter Tran kein Vitamin D mehr enthält. Dagegen zeigt nach DUBIN und FUNK[2] ein bei 55° mit kolloidalem Palladium gehärteter Waltran noch antirachitische Eigenschaften.

ZILVA bringt die Zerstörung der Vitamine A und D bei der katalytischen Reduktion von Lebertran mit der Gegenwart von Sauerstoff

---

[1] Biochem. Journ. **13**, 81 (1919).   [2] Journ. metabolich Res. **4**, 461 (1923).

in Verbindung; so soll bei der Hydrierung von Lebertran bei 150—175° das Vitamin A und D nicht zerstört werden, wenn unter völligem Ausschluß von Sauerstoff gearbeitet wird. Er fand, daß für die wachstumfördernde Wirkung von bei Sauerstoffausschluß gehärtetem und nichtgehärtetem Tran die gleichen Fettmengen notwendig sind. DRUMMOND bestreitet diese Angabe und findet, daß mit bei höheren Temperaturen gehärtetem Tran Ophthalmie nicht geheilt werden könne.

NAKAMIYA und KAWAHAMI[1] haben ein aus Dorschlebertran isoliertes, mit „Biosterin" bezeichnetes Vitamin-A-Präparat der Hydrierung mit Platinschwarz bei 60° unterworfen. Das Biosterin verwandelte sich nach der Reduktion teilweise in eine krystalline Masse, aus der Nonakosan, Batylalkohol, Octadecylpalmitat und Mellissylalkohol isoliert werden konnten. Die Hauptmenge des reduzierten Biosterins (90—95%) blieb flüssig und zeigte keine Spur einer Vitamin-A-Aktivität.

Dieser Befund schließt aber nicht die Möglichkeit aus, daß bei niedriger Temperatur gehärtete Trane noch Vitamin-A-Eigenschaften zeigen könnten; denn wahrscheinlich ist das Vitamin schwieriger zu hydrieren als das Öl selbst, so daß ersteres unangegriffen oder nur wenig angegriffen bleiben könnte.

Nach SUMI[2] bleibt das Vitamin D bei der Hydrierung vom Tran bei Zimmertemperatur vollständig verschont. Er meint, daß die Doppelbindungen im Ergosterin (Ergosterin hat drei durch Hydrierung nachweisbare Doppelbindungen und entspricht der Formel $C_{27}H_{41}OH$) für seine antirachitische Aktivität maßgebend seien. Ob diese Anschauung richtig ist, kann hier nicht diskutiert werden. Die Gegenwart der freien sekundären Alkoholgruppe dürfte jedenfalls ebenso wichtig sein für das Zustandekommen der Vitamin-D-Wirkung[3].

Es ist bekannt[4], daß bei der gewöhnlichen Hydrierung von Ölen bei ca. 200° die Sterine eine Veränderung erfahren. Es geht nicht nur der Gehalt der als Digitonide abscheidbaren Sterine nach der Ölhärtung zurück, sondern die aus den Digitoniden zurückgewonnenen Sterine zeigen eine starke Abnahme ihrer optischen Aktivität. Somit erleiden die Sterine bei der Härtung unter höheren Temperaturen auch weitgehende chemische Veränderungen.

Dagegen lassen die berichteten Untersuchungen die Hoffnung zu, daß es unter milden Reaktionsbedingungen, vor allem bei niedriger Temperatur, möglich sein sollte, die Härtung unter Schonung der

---

[1] Sc. Pap. Inst. Phys. chem. Res. **7**, 121 (1927).

[2] Biochem. Ztschr. **204**, 296, 408 (1929).

[3] JENDRASSIK u. KEMENYFFI: Biochem. Ztschr. **215**, 238 (1929).

[4] MARCUSSON u. MEYERHEIM: Mitt. K. Materialprüfungs-Amt Groß-Lichterfelde-West (1915).

Vitamine durchzuführen. DRUMMOND und HILDITCH[1] sind zwar der Ansicht, daß das Vitamin A bei der Reduktion mit Wasserstoff gänzlich zerstört werde, auch dann, wenn die Härtung bei niedrigen Temperaturen erfolgt, und daß deshalb ein hydrierter Lebertran als Ersatz für medizinischen Tran nicht in Frage komme; auch das Vitamin D, dessen Empfindlichkeit gegen die Reduktion nicht mit Sicherheit nachgewiesen wurde, werde bei der Härtung zerstört.

Dieses Urteil scheint sowohl durch die früheren Untersuchungen, insbesondere aber durch einen erst vor ganz kurzem veröffentlichten Bericht von VAN DIJK, MEES und WATERMAN[2] erschüttert zu werden. WATERMAN und seine Mitarbeiter haben die bedeutungsvolle Beobachtung gemacht, daß bei der katalytischen Reduktion von ungebleichtem Palmöl unter einem Druck von 120—150 at und einer Temperatur von 55—70° der Pflanzenstoff, das Carotin, nicht zerstört wird. Auch spektroskopisch konnte nachgewiesen werden, daß das Carotin bei der Härtung keine Veränderung erfahren hat. Beachtenswert ist, daß für die Versuche sauerstoffhaltiger Wasserstoff verwendet wurde.

Ein bei 180° und Normaldruck gehärteter Lebertran (Jodzahl 79) zeigte nicht mehr die bekannte Farbenreaktion nach CARR und PRICE[3]. Das Vitamin A wird also durch die Härtung bei 180° zerstört. In dem gleichen Lebertran, der bei einer Höchsttemperatur von 58° und einem Druck von 150 at in Gegenwart eines gewöhnlichen Nickelkatalysators bis auf eine Jodzahl von 75,5 gehärtet wurde, blieb dagegen die Vitamin-A-Reaktion mit Antimontrichlorid bis zur Hälfte erhalten.

Um festzustellen, ob der Rückgang der Vitamin-A-Reaktion mit dem Sauerstoffgehalt des Wasserstoffs in Verbindung steht, wurde Lebertran in Gegenwart des Katalysators an der Luft auf 55° erwärmt; ein Rückgang der Farbenreaktion nach CARR und PRICE fand nicht statt, dagegen ging die Intensität der Reaktion bei Erhitzen auf höhere Temperaturen zurück. Auch nach Erhitzen des Trans auf 180° im Wasserstoffstrome, aber in Abwesenheit des Katalysators, blieb die Farbenreaktion erhalten. Jedenfalls bleiben die Stoffe, welche die Farbenreaktion mit $SbCl_3$ geben, nach Hydrierung bei Hochdruck und niedrigen Temperaturen in erheblichem Grade unverändert, während sie bei der Härtung unter gewöhnlichem Druck und Temperaturen von 180° und darüber vernichtet werden.

Ein Zusatz von Antioxydantien (Hydrochinon) vermochte dem teilweisen Rückgang der Carr- und Pricereaktion nach Härtung unter Hochdruck und tiefer Temperatur nicht entgegenzuwirken. Es ist des-

---

[1] The relative values of cod liver oils from various sources, published by his Majesty's Stationary Office, S. 116. London, Dezember 1930.

[2] Proc. Koninkl. Akad. Wetenschapp. Amsterdam **36**, Nr 8 (1931).

[3] Biochem. Journ. **20**, 497 (1926).

halb zweifelhaft, ob die teilweise Zerstörung des Vitamins A als eine Oxydationserscheinung aufgefaßt werden könne. Auch biologische Versuche haben bestätigt, daß der Vitamin-A-Gehalt nach Härtung mit Nickel bei hohem Druck und niedriger Temperatur zwar abgenommen hat, teilweise aber zurückgeblieben war.

Der Gehalt des Trans an antirachitischem Vitamin D blieb nach der Hochdruckhärtung bei niedrigen Temperaturen nahezu unverändert. Da die gehärteten Trane keinen Trangeschmack mehr besitzen, so dürften solche Hartfette in der Margarinefabrikation als Quellen für Vitamin D und A Eingang finden.

Diese Ergebnisse widerlegen die Mitteilungen von RANDOIN und LECOQ[1], welche festgestellt haben wollen, daß 1. auch das Vitamin D bei 180° vollkommen zerstört werde und daß selbst ein bei 120—130° gehärteter Tran nur geringe antirachitische Eigenschaften zeige, und 2., daß ein Teil der Vitamin-A-Wirkung bei 120° und selbst bei 180° noch erhalten bleibe.

Die Untersuchungen von UENO und seinen Mitarbeitern[2] über den Nährwert von unter milden Bedingungen gehärteten Ölen bestätigen, daß die wachstumfördernden Ergänzungsstoffe der Öle erst bei einer Temperatur von über 100° vernichtet werden. So zeigte ein bei 120° in Gegenwart von Nickel gehärteter Lebertran die von UENO als Vitamin-A-Reaktion aufgefaßte Violettfärbung mit japanischem sauren Ton.

Bei biologischen Versuchen mit Ratten wurden bei gehärtetem Cottonöl, Erdnußöl und Olivenöl sogar bessere wachtumfördernde Wirkungen beobachtet als bei Verfütterung der nichtgehärteten Öle. Gehärtetes Sojaöl soll sich sogar hinsichtlich der Erhaltung des allgemeinen Gesundheitszustandes der Tiere frischem nichtgehärtetem Lebertran überlegen gezeigt haben. Ebenso war der Nährwert von bei 110—115° bis zu einer Jodzahl von 65 gehärtetem Japantran, Heringsöl, Waltran und Chrysalidenöl deutlich größer als bei den ursprünglichen Fischölen.

Sehr weitgehend könne die antirachitische Wirkung der bei Temperaturen von unter 120° gehärteten Fischöle durch Ultraviolettbestrahlung gesteigert werden. Besonders günstige Resultate erzielte UENO bei der Verfütterung von bei niedrigen Temperaturen gehärteten carotinhaltigen Ölen.

Die Beobachtung, daß bei niedrigen Temperaturen hergestellte Hartfette einen größeren Nährwert haben als die nichtgehärteten, führt UENO darauf zurück, daß erstere infolge Fehlens der höher ungesättigten Fettsäuren von den Tieren leichter aufgenommen werden, während sie

---

[1] Ann. des Falsifications **19**, 518 (1926).
[2] Journ. Soc. Chem. Ind. Jap. **1927**, 105 B; **1928**, 92 B; **1930**, 61 B; **1931**, 132 B.

als Vitaminquellen den nichtgehärteten Ölen gleichkommen oder nur wenig nachstehen.

Wir sehen, daß die Angaben über das Verhalten der Vitamine bei der Ölhärtung nicht ganz frei von Widersprüchen sind. Folgendes kann aber mit einiger Sicherheit angenommen werden:

1. Bei 180° und darüber gehärtete Öle sind praktisch frei von Vitaminen.

2. Durch weitgehende Erniedrigung der Reduktionstemperatur dürfte es möglich sein, Hartfette herzustellen, in welchen das Vitamin D und teilweise auch das Vitamin A erhalten bleibt. Da die Ölhärtung bei niedrigen Temperaturen auch unter Anwendung von Nickelkatalysatoren durchführbar ist, so steht der technischen Gewinnung von vitaminhaltigen Hartfetten grundsätzlich nichts mehr im Wege.

Der „Hartfettgeruch".

Die gehärteten Fette sind durch einen eigentümlichen, nicht näher definierbaren Geruch gekennzeichnet. Durch Desodorisierung, d. h. Behandeln mit überhitztem Wasserdampf im Vakuum, kann man die Hartfette von diesem Geruch mehr oder weniger befreien.

Erst in den letzten Jahren gelang es, die Natur der Stoffe, welche den charakteristischen Hartfettgeruch hervorrufen, zu erkennen. Auf welchem Wege diese Stoffe entstehen, ist noch nicht mit Sicherheit bekannt. Es ist nicht ausgeschlossen, daß sie ihre Bildung bei der Fetthärtung der Reduktion der Carboxylgruppe der Fettsäuren verdanken; da aber nachgewiesen wurde, daß die Geruchsträger der gehärteten Fette aus Verbindungen sowohl mit normaler als auch mit verzweigter Kohlenstoffkette bestehen, so scheint neben der Reduktion der Carboxylgruppe der Nickelkatalysator auch eine Isomerisation oder Zersetzung der primär entstandenen Reduktionsprodukte der Fettsäuren zu verursachen.

Daß die Hydrierung der Fette auch unter normalen Verhältnissen, d. h. bei einer Temperatur von 180—200° und geringen Drucken, sich nicht auf die Absättigung der Äthylenbindungen beschränkt, sondern daß dabei zu einem geringen Betrage auch Reduktion der Carboxylgruppen stattfinden muß, geht u. a. aus einer Untersuchung von KAILAN[1] hervor; KAILAN fand, daß zur vollständigen Reduktion von Ölsäure mehr als die theoretische Wasserstoffmenge erforderlich ist und daß der Wasserstoffüberschuß für die Reduktion der Carboxylgruppe verbraucht wird.

Näher untersucht wurden die Geruchsträger der gehärteten Trane von UENO und anderen japanischen Forschern. Im Wasserdampfdestillat

---

[1] Monatshefte d. Chemie **1931**, 308.

von gehärteten Fischölen fanden YOSHIYUKI, TOYAMA und TSUCHIYA[1] große Mengen von Kohlenwasserstoffen der Isoparaffinreihe neben Naphthenen und normalen Paraffinen.

Ein aus dem Wasserdampfdestillat eines gehärteten Gemisches von Japantran und Heringsöl extrahiertes Öl von sehr intensivem Geruch hatte die Säurezahl 129, Verseifungszahl 139,4, die Jodzahl 25,8 und enthielt 34% Unverseifbares, in welchem der Hartfettgeruch besonders stark konzentriert war. Das acetylierte Unverseifbare, dessen Verseifungszahl = 19 war, wurde im Vakuum destilliert. Das Destillat wurde mit Schwefelsäure, Natronlauge usw. ausgewaschen. Der unlösliche Rückstand war eine petroleumartig riechende Flüssigkeit, während die übelriechenden Stoffe von der Schwefelsäure aufgenommen wurden. Der Rückstand der Destillation des acetylierten Unverseifbaren enthielt Octadecylalkohol (Stearinalkohol), womit bewiesen ist, daß bei der Ölhärtung tatsächlich auch die Carboxylgruppe angegriffen wird.

Nach UENO[2] bestehen die bei der Tranhärtung gebildeten, mit Wasserdampf flüchtigen Isoparaffine aus den Kohlenwasserstoffen $C_{13}H_{28}$, $C_{16}H_{34}$, $C_{17}H_{36}$, $C_{18}H_{38}$ (Hauptmenge), $C_{19}H_{40}$ und $C_{20}H_{42}$. Die Kohlenwasserstoffe mit ungerader Kohlenstoffatomzahl dürften durch Abspaltung der Carboxylgruppe entstanden sein; wie dann ihre Umlagerung zu Isoparaffinen vor sich geht, ist unbekannt.

Die Kohlenwasserstoffe, Alkohole und Fettsäuren sind aber nicht die eigentlichen Geruchsträger; diese bestehen, wie UENO nachweisen konnte, aus Aldehyden, und auch diese sind wohl durch Reduktion der Carboxylgruppe der Fettsäuren gebildet worden. Aus 3 kg Wasserdampfdestillat aus gehärtetem Tran isolierte UENO als Bisulfitdoppelverbindungen 22 g Aldehyde mit äußerst scharfem Hartfettgeruch. Sie bestanden hauptsächlich aus Verbindungen der C_{10}-, C_{12}-, C_{14}- und C_{16}-Reihe; der typische Geruch war auf die ersten zwei Glieder konzentriert. Die Aldehyde $C_{10}H_{20}O$ und $C_{12}H_{22}O$ scheinen die eigentliche Ursache des Hartfettgeruchs zu sein.

Katalytische Reduktion der Carboxylgruppe.

Darstellung von höher molekularen Fettalkoholen aus Fettsäuren und Fettsäureestern.

Vor längerer Zeit hat CHRISTIANSEN[3] Patentschutz auf ein Verfahren zur Herstellung von Methanol durch Hydrierung von Ameisensäureestern in Gegenwart eines Kupferkatalysators erhalten. Einige Jahre später hat die Soc. des Usines du Rhône die Herstellung von Methanol

---

[1] Journ. Soc. Chem. Ind. Jap. **32**, 374B (1929).
[2] Journ. Soc. Chem. Ind. Jap. **33**, 264B, 451B (1930); **34**, 151B (1931).
[3] DRP. 369574 (1919).

durch Überleiten eines Gemisches von dampfförmigem Methylformiat und Wasserstoff bei 100—180° über einen auf Tonscherben verteilten Kupferkatalysator vorgeschlagen.

Damit war erwiesen, daß man durch katalytische Reduktion auch die Carboxylgruppe der Fettsäuren in die CH_2OH-Gruppe verwandeln kann.

Erst vor kurzer Zeit ist man auf die Idee gekommen, diese Reaktion für die Herstellung von hochmolekularen Alkoholen aus Fetten und Fettsäuren zu verwerten.

Ob die Carboxylgruppe der höheren Fettsäuren auch unter den für Ameisensäureester angegebenen Bedingungen, vor allem unter gewöhnlichem Druck, leicht reduzierbar ist, ist noch nicht ganz sicher. Die Hydrierung zu Alkoholen ist aber glatt, selbst in technischem Maßstabe ausführbar, wenn man die Fettstoffe unter extrem hohem Druck der Katalyse unterwirft.

Die Fettalkohole höheren Molekulargewichts, die jetzt durch Hydrierung leicht zugänglich sind, besitzen äußerst wertvolle technische Eigenschaften und Anwendungsmöglichkeiten, über die am Schluß des Kapitels berichtet wird.

Die katalytische Reduktion der Carboxylgruppe der Fettsäuren gelang einer größeren Reihe von Forschern, und zwar unabhängig voneinander.

Die zuerst veröffentlichten experimentellen Angaben über diese neue Reaktionsmöglichkeit der Fettsäureester rühren von den Amerikanern H. ADKINS und K. FOLKERS[1] her; aber etwas früher hat W. SCHRAUTH[2] auf die technischen Eigenschaften der durch Hydrierung der Fette erhältlichen Fettalkohole aufmerksam gemacht und über ihre Gewinnung in betriebsmäßigem Maßstabe berichtet.

Nach ADKINS und FOLKERS ist es möglich, Ester verschiedener aliphatischer und fettaromatischer Carbonsäuren nach der Reaktion

$$R \cdot COOC_2H_5 + 2\,H_2 = R \cdot CH_2OH + C_2H_5OH$$

bei einem Druck von 220 at und einer Temperatur von 250° in Gegenwart eines Kupferchromitkatalysators mit beinahe quantitativer Ausbeute zu den entsprechenden Alkoholen zu reduzieren.

Der Katalysator wird auf folgendem Wege hergestellt: Eine Lösung von 126 g Ammoniumdichromat in 500 g Wasser wird mit Ammoniak bis zum Farbenumschlag von Orange nach Gelb versetzt und in der Kälte eine Lösung von 241,6 g Kupfernitrat in 300 g Wasser zugesetzt. Der Niederschlag wird getrocknet, gepulvert und geglüht. Hierauf wird das Produkt in 10 proz. Essigsäure suspendiert, filtriert, getrocknet und fein vermahlen.

Wie Tabelle 29 zeigt, sind nach der Methode Fettsäureäthylester sehr verschiedener Konstitution an der Carboxylgruppe reduzierbar.

---

[1] Journ. Amer. Chem. Soc. **53**, 1092, 1095 (1931).
[2] Chem.-Ztg. **1931**, 3, 17.

Die nahezu quantitativen Alkoholausbeuten beweisen, daß der verwendete Katalysator für die Reduktion der Carboxylgruppe zum Alkohol spezifisch ist (aber auch andere Katalysatoren eignen sich wie SCHRAUTH, NORMANN u. a. in gleicher Weise für die Reaktion).

Tabelle 29. Reduktion von Estern zu Alkoholen.

Ester der	Mol	Katalysator g	Dauer der Katalyse Std.	Ausbeute %	Alkohol
Laurinsäure	0,13	3	1,8	97,5	Laurinalkohol
Myristinsäure.	0,15	5	2,0	98,5	Myristinalkohol
Valeriansäure.	0,27	5	13,0	94,1	n-Amylalkohol
Zimtsäure	0,21	5	9	83,1	Phenylpropylalkohol
Trimethylessigsäure	0,23	5	1,5	88,3	tert. Butylalkohol
2,2-Dimethyl-3-oxybuttersäure	0,21	4	0,1	98,0	Isobutylalkohol

Unabhängig von den amerikanischen Forschern und wahrscheinlich früher als diese haben W. SCHRAUTH (Deutsche Hydrierwerke AG.), NORMANN (Th. Böhme AG.) und O. SCHMIDT (I. G. Farbenindustrie) die Reduzierbarkeit der Fettsäuren und Fette zu Alkoholen und Kohlenwasserstoffen entdeckt. Die Methodik war bei allen drei Forschern im Prinzip die gleiche: Hydrierung von Fettsäuren und deren Estern unter sehr hohem Druck und bei hohen Temperaturen unter Anwendung von Methanolkontakten oder von gewöhnlichen Katalysatoren der Fetthärtung. O. SCHMIDT gelang überdies die Hydrierung des Ölsäureäthylesters zu Stearinalkohol in der Dampfphase unter gewöhnlichem Druck.

Nach SCHRAUTH[1] werden bei der Hochdruckhydrierung der Fettstoffe bei hohen Temperaturen je nach Reaktionsbedingungen und Katalysator Alkohole oder Kohlenwasserstoffe erhalten. Bei einem Druck bis 200 at und Anwendung von Nickel als Katalysator entstehen bei Temperaturen von über 350° Kohlenwasserstoffe der Kohlenstoffatomzahl der angewandten Fettsäuren, bei Verwendung von Kupfer unter ca. 200 at und 320° nicht wesentlich überschreitenden Temperaturen die den Fettsäuren entsprechenden Alkohole.

Auch die bei der Methanolsynthese gebräuchlichen Mischkatalysatoren wie Kupferchromat, Zink-Kupferchromat, Nickelkupferzinkat oder Molybdänate wirken je nach den Reaktionsbedingungen alkohol- oder kohlenwasserstoffbildend. Bei Temperaturen von 400° wird jedoch in allen Fällen die Carboxylgruppe zur Methylgruppe reduziert, und ebenso werden bei Drucken unter 100 at vorzugsweise Kohlenwasserstoffe gebildet.

Entscheidend für den Charakter des Reaktionsproduktes sind nach SCHRAUTH gewisse Schwellenwerte von Temperatur und Druck, und zwar

---

[1] Ber. Dtsch. Chem. Ges. **64**, 1314 (1931); **65**, 93 (1932).

unterhalb des Druckschwellenwertes und oberhalb des Temperaturschwellenwertes zugunsten der Kohlenwasserstoffbildung und umgekehrt zugunsten der Alkoholbildung. Die Reaktion ist mit jeder Fettsäure und jedem Fettsäureester durchführbar, so daß alle Alkohole vom Hexylalkohol bis zum Myricylalkohol aus Fetten und Wachsen gewonnen werden können. Auch fettaromatische Säuren sind zu den entsprechenden Alkoholen hydrierbar.

Im folgenden seien einige Beispiele für die katalytische Reduktion von Fettstoffen zu Kohlenwasserstoffen und Alkoholen der Abhandlung SCHRAUTHS entnommen:

1. Dodecan aus Laurinsäuremethylester. 200 g Ester und 20 g Nickel-Kieselgur-Katalysator wurden bei einem Anfangsdruck von 122 at innerhalb 27 Minuten auf 340° angeheizt, wobei ein Druck von 279 at erreicht war. Bei weiterem Aufheizen auf 370° fiel der Druck auf 26 at, und bei noch weiterem Erhitzen auf 390° stieg er auf 278 at. Erhalten 120 g Dodecan, Siedepunkt 100—102°, bei 17 mm Hg.

2. Dodecylalkohol aus Laurinsäuremethylester. 40 g Ester und 4 g eines bei 400° reduzierten Zink-Kupferchromat-Katalysators, hergestellt durch Einwirkung von überschüssigem Natriumdichromat auf 2 Teile Zinkoxyd und 1 Teil Kupferoxyd, wurden bei einem Anfangsdruck von 145 at hydriert. Zwischen 305 und 325° ging der beim Anheizen auf 290 at angestiegene Druck auf 272 at zurück, um einen Stillstand zu erreichen. Aus dem Reaktionsprodukt wurden 10,5 g reinen Dodecylalkohols, $C_{12}H_{25}OH$, isoliert.

3. Stearinalkohol aus Stearinsäure. Die Hydrierung von 40 g Stearinsäure in Gegenwart von 4 g Zink-Kupferchromat-Katalysator bei 325° und 280 at ergab 31 g Oktadecylalkohol (Stearinalkohol), $CH_3(CH_2)_{16}CH_2OH$ vom Schmelzpunkt 58 bis 59° und Siedepunkt 208—212° bei 15 mm Hg-Druck.

4. Fettalkohole aus Cocosfett. Cocosfett wurde mit einem Kupferchromat-Kieselgur-Katalysator bei Temperaturen von nicht über 305° und einem Anfangsdruck von 145 at hydriert. Das Reaktionsprodukt hatte die Verseifungszahl 9,05, die Acertylverseifungszahl 238,3 und die Siedegrenzen 70—215° bei 17 mm Hg; es bestand also beinahe ausschließlich aus Alkoholen.

5. Kohlenwasserstoffe aus Cocosfett. Das Fett wurde in Gegenwart eines aus gleichen Teilen basischem Nickel- und Kupfercarbonat hergestellten Katalysators bei einem Anfangsdruck von 120 at auf 350° erhitzt; Enddruck 215 at. Das Endprodukt war eine geringe Menge Alkohole enthaltendes Kohlenwasserstoffgemisch (Säurezahl 11,5 Verseifungszahl 34,6).

Das Verfahren wurde bereits im Jahre 1928 von den Deutschen Hydrierwerken zum Patent angemeldet[1].

O. SCHMIDT[2] hat die Reduzierbarkeit der Carboxylgruppe zu Alkohol oder Kohlenwasserstoff noch früher erkannt. In der deutschen Anmeldung sind jedoch keine Beispiele für die Hydrierung der Carboxylgruppe unter Druck angegeben und die Beispiele auf die Reduktion der Fettstoffe in der Gasphase beschränkt[3]. Es ist aber in den Patenten

---

[1] DRP. Anm. D. 56471 und 56488, Kl. 12o.

[2] Ber. Dtsch. Chem. Ges. **64**, 2051 (1931) — DRP. Anm. B 122821 vom 20. Nov. 1925 — Engl. P. 229715 — Franz. P. 571355.

[3] SCHRAUTH: Ber. Dtsch. Chem. Ges. **65**, 93.

erwähnt, daß die Hydrierung auch unter Druck durchgeführt werden kann.

Die katalytische Reduktion der Carboxylgruppe zur Alkohol- oder zur Methylgruppe ist nach Schmidt sowohl unter Druck als auch ganz ohne Druck glatt durchzuführen, wenn man genügend aktive Katalysatoren verwendet. Als solche eignen sich insbesondere die Methanolkatalysatoren. Für die Darstellung von Alkoholen im Laboratorium ist nach Schmidt die drucklose Hydrierung in der Gasphase der bequemste Weg. Für die drucklose Hydrierung eignen sich nicht die freien Fettsäuren oder deren Glyceride, sondern in erster Linie die flüchtigen Verbindungen, so z. B. die Fettsäureäthylester. Diese lassen sich bei Temperaturen von 300° mit aktiven Kupferkatalysatoren glatt an der Carboxylgruppe hydrieren. Auf diesem Wege läßt sich Ölsäureäthylester in Stearinalkohol überführen. Bei besonders energischen Reaktionsbedingungen geht die Alkoholgruppe in die Methylgruppe über, unter Bildung des entsprechenden Kohlenwasserstoffs.

Die Reaktion verläuft nach der bereits von Adkins angegebenen Gleichung

$$\text{RCOOR}' + 2\,\text{H}_2 \rightleftarrows \text{RCH}_2\text{OH} + \text{R}'\text{OH}$$

unter Volumenverminderung, und es ergibt sich somit aus einfachen thermodynamischen Gründen, daß das Gleichgewicht bei Anwendung von Druck sich im Sinne des nach rechts gerichteten Pfeils verschiebt.

Schrauth konnte die Angaben Schmidts über die glatt verlaufende drucklose Hydrierbarkeit des Ölsäureesters nicht bestätigen. Die Angaben Schmidts werden von Schrauth auch deswegen angezweifelt, weil bei der gewöhnlichen Fetthärtung bei mäßigen Drucken niemals das Auftreten von Fettalkoholen beobachtet wurde[1].

Für die praktische Durchführung der Fettreduktion zu Fettalkoholen kommt jedenfalls nur die Hydrierung unter Druck in Frage.

Sehr bemerkenswert ist das von O. Schmidt bei der Hydrierung von Ricinusöl erhaltene Ergebnis: Die Hydrierung des Öles in Gegenwart eines Kobaltkatalysators bei 220° und einem Wasserstoffdruck von 200 at ergab neben 17% Octadecylalkohol (entsprechend den im Ricinusöl enthaltenen olefinischen und paraffinischen C_{18}-Säuren) 75% Octadekandiol $C_{18}H_{36}(OH)_2$, der aus dem Glycerid der Ricinolsäure gebildet wurde.

---

[1] Gewisse Anzeichen für die Reduzierbarkeit der Carboxylgruppe bei der Fetthärtung sind allerdings vorhanden. So wurde auf S. 134 sowohl über die Bildung von Octadecylalkohol als auch von anderen Alkoholen während der Fetthärtung berichtet. Auch Normann meint, daß die den Hartfettgeruch hervorrufenden Stoffe durch Reduktion der Carboxylgruppe entstanden sein dürften. Der Verfasser möchte sich aber jeder kritischen Bemerkung auf diesem noch völlig neuen Zweige der Fetthydrierung enthalten und zitiert aus dem gleichen Grunde die Literatur über die Hydrierung der Carboxylgruppe vorwiegend mit den Worten der Autoren.

Die Hydrierung der Carboxylgruppe und der Äthylenbindung verlief also unter völliger Erhaltung der alkoholischen Hydroxylgruppe der Ricinolsäure, während bei der nickelkatalytischen Fetthärtung bei der gleichen Temperatur die Abspaltung der Hydroxylgruppe des Ricinusöles sogar schneller verläuft als die Reduktion der Doppelbindung[1].

Während SCHRAUTH, SCHMIDT und auch ADKINS der Ansicht sind, daß für die Hydrierung der Carboxylgruppe vorzugsweise die Methanolkatalysatoren in Betracht kommen, meint NORMANN[2], daß alle mehr oder weniger für die Fetthärtung anwendbaren Metalle für diesen Zweck geeignet seien. Näher untersucht wurde von NORMANN auf Kieselgur verteiltes Kupfer. Bei Anwendung dieses Katalysators sind die geeignetsten Bedingungen für die Reduktion zu Alkoholen Temperaturen über 300° und ein Druck von 100 at. Der Druck spielt nicht nur eine quantitative Rolle wie bei der Fetthärtung, sondern auch eine qualitative. Mit Cocosfett wurden bei Anwendung des Kupferkatalysators Alkoholausbeuten bis zu 97% erzielt.

Der theoretische Verlauf der Reaktion ist nach NORMANN viel komplizierter, als der Gleichung

$$R \cdot COOR + 2\,H_2 = RCH_2OH + ROH$$

entspricht.

Es dürfte zunächst aus dem Ester ein Halbacetal entstehen. Das Halbacetal kann unter Wasserabspaltung zu einem Äther reduziert werden, der bei weiterer Reduktion den gesuchten Alkohol und einen Kohlenwasserstoff bildet:

$$RCOOCH_2R + H_2 \rightarrow \underset{\text{Halbacetal}}{RCH(OH)OCH_2R}\ (-H_2O + H_2) \rightarrow$$

$$\underset{\text{Äther}}{RCH_2OCH_2R}\ (+ H_2) \rightarrow RCH_2OH + RCH_3;$$

oder das Halbacetal wird ohne Wasserabspaltung direkt in zwei Alkohole zerlegt:

$$RCH(OH)OCH_2R \overset{+\,H_2}{\rightarrow} RCH_2OH + RCH_2OH.$$

Es ist aber auch möglich, daß der Ester zunächst in freie Säure und einen Kohlenwasserstoff gespalten wird:

$$RCOOCH_2R + H_2 \rightarrow RCOOH + CH_3R,$$

und die Säure dann zum Alkohol reduziert wird.

Alle bei diesen drei Reaktionsmöglichkeiten entstehenden Spaltstücke sind bei den Reduktionen, die nicht zu Ende geführt worden sind, teils isoliert, teil nachgewiesen worden.

---

[1] JURGENS u. MEIGEN: Chem. Umschau a. d. Geb. d. Fette, Öle, Wachse und Harze **23**, 99, 116 (1916).

[2] Ztschr. f. angew. Ch. **1931**, 471, 714, 922.

Bei der Reduktion von Glyceriden wurde nicht Glycerin, sondern Propylalkohol abgespalten, das Glycerin wird also weiter zum Propylalkohol reduziert.

Der Druck übt auf die Alkoholausbeute (Katalysator: Kupfer) einen wesentlichen Einfluß bis zu einer Druckzunahme von 250 at aus; mit diesem Druck ist die Höchstausbeute an Alkoholen erreicht, weitere Steigerung des Druckes begünstigt die weitere Reduktion des Alkohols zum Kohlenwasserstoff.

Es scheinen bei der katalytischen Reduktion der Fettsäureester zu Alkoholen zwei Reaktionen nebeneinander herzulaufen: die erste ist die Reduktion zu Alkohol über das Halbacetal; die zweite die thermische Zersetzung des Esters. Bei glattem Verlauf der Katalyse wird die zweite Reaktion von der ersten überflügelt, wobei ihre Produkte, die freie Fettsäure und der Aldehyd ebenfalls zum entsprechenden Alkohol reduziert werden.

Der Kupferkatalysator scheint bei der Hydrierung der Carboxylgruppe gegen Vergiftungen empfindlicher zu sein als das Nickel bei der Fetthärtung. Besonders stark giftig ist oxydiertes Eisen, während blankes Eisen ohne Wirkung ist.

Bei Anwendung von Nickel als Katalysator muß nach NORMANN die Temperatur wesentlich niedriger, der Druck wesentlich höher sein als bei Kupfer. Die besten Alkoholausbeuten bei der Hydrierung von Cocosfett in Gegenwart von Nickel betrugen 62% bei etwa 500 at Wasserstoffdruck.

Auch Kobaltkatalysatoren liefern gute Alkoholausbeuten.

Bei Anwendung von Nickel-Kieselgur geht die Reaktion leicht über das Ziel hinaus unter Bildung von Kohlenwasserstoffen.

Cocosfett lieferte in Gegenwart von Nickel-Kieselgur bei 500 at und 250—255° ein fast reines Kohlenwasserstoffgemisch der Säurezahl 0, Esterzahl 0,6, Jodzahl 0, Hydroxylzahl 29.

Die Hydrierung der freien Fettsäuren komme in einfacher Weise durch Aufnahme von Wasserstoff und Abspaltung von Wasser zustande. Der Reaktionsverlauf wird jedoch durch teilweise Bildung von Estern zwischen der freien Fettsäure und dem gebildeten Alkohol kompliziert, was sich durch die Esterzahl des Reaktionsproduktes nachweisen läßt.

Der Alkohol-, Säure- und Estergehalt des Reaktionsproduktes läßt sich, nach Auswaschen des Glycerins und des Propylalkohols, aus der Säurezahl, Esterzahl und Hydroxylzahl in einfacher Weise berechnen; die Differenz zu 100% entspricht dem Gehalt an gebildetem Kohlenwasserstoff. In den meisten von NORMANN untersuchten Fällen ergab die Elementaranalyse der Reaktionsprodukte einen Überschuß an gebundenem Sauerstoff über den aus den Kennzahlen berechneten. Der Überschuß dürfte der Gegenwart des Halbacetals zuzuschreiben sein.

Auch die Gegenwart von Äthern wurde nachgewiesen, niemals aber konnte ein Aldehyd festgestellt werden.

Der lästige „Hartfettgeruch" der gehärteten Fette dürfte durch diese Nebenreaktionen zustande kommen.

Über die technischen Eigenschaften und Verwendungsmöglichkeit der durch Reduktion der Carboxylgruppe hergestellten höher molekularen Alkohole machte SCHRAUTH[1] folgende Angaben.

Mit Ausnahme des Cetylalkohols, dessen Palmitinsäureester der Hauptbestandteil des Walrats ist, waren die übrigen Glieder der Reihe, insbesondere der Laurin-, Myristin- und Stearinalkohol und Alkohole mit mehr als 18 Kohlenstoffatomen, in der Technik kaum bekannt.

Diese Alkohole dürften aber in zahlreichen technischen Prozessen verwendbar sein. Denn mit steigendem Molekulargewicht beobachtet man, ähnlich wie bei den Fettsäuren und Paraffinen, ein Ansteigen des Schmelzpunktes, des Siedepunktes und der Dichte, eine Zunahme der mechanischen Härte bis zur Härte des Wachses und ein Absinken der Löslichkeit in Wasser.

Von den Paraffinen unterscheiden sich die höher molekularen Alkohole dadurch, daß sie viel leichter als jene dispergiert werden können, weil die Wirkung der hydrophilen Hydroxylgruppe niemals ganz erlischt, wenn auch mit steigendem Molekulargewicht die lipophile Wirkung der Alkylgruppe zunehmend in den Vordergrund tritt. Solche Dispersionen zeigen daher ausgesprochen kolloidalen Charakter.

Die flüssigen und festen Glieder der Alkoholreihe lassen sich in Gegenwart gewisser Löslichkeitsvermittler zu Emulsionen und Dispersionen verarbeiten.

Der Decylalkohol ist noch klar in Türkischrotölen löslich. Bei Verwendung von Dodecylalkohol (Laurinalkohol) erhält man Emulsionen, die beim Verdünnen ein schönes schneeweißes Aussehen besitzen.

Auch die festen Fettalkohole lassen sich zu Emulsionen bzw. Dispersionen verarbeiten, wenn man sie gemeinsam mit Seifen oder Sulfosalzen oberhalb ihres Schmelzpunktes mit Wasser verrührt oder mit wasserlöslichen Lösungsmitteln wie Glykoläther oder Milchsäureester zur Lösung bringt und die Lösung mit Wasser verdünnt. Es entstehen dann salbenartige Pasten, die bei weiterer Verdünnung Dispersionen liefern, welche in der Textil- und Lederindustrie und in der Kosmetik Verwendung finden. Ein solches Produkt ist das „Lanettewachs" (Palmitin- und Stearinalkohol).

GRÜN, ULBRICH und KRCZIL[2] haben vor mehreren Jahren bereits versucht, durch Verestern von höher molekularen Fettsäuren mit synthetisch aus Fettsäuren gewonnenen Alkoholen zu synthetischem Wachsen

---

[1] Chem.-Ztg. **1931**, 3, 17.　　[2] Z. angew. Chem. **1926**, 421.

zu gelangen. Sie haben nach bekannten Methoden die höheren Fettsäuren (Laurin- bis Stearinsäure) in die entsprechenden Ketone verwandelt und diese mit Alkohol und konzentrierter Lauge zu hochmolekularen sekundären Alkoholen reduziert. Die nickelkatalytische Hydrierung dieser Ketone führte zu Kohlenwasserstoffen. Durch Verestern der hochmolekularen sekundären Alkohole mit Fettsäurechloriden erhielt GRÜN eine Reihe von synthetischen Wachsestern, rein weiße krystallinische Aggregate mit deutlicher, aber geringer Plastizität. Die Verbindungen hatten jedoch nicht die erforderlichen hohen Schmelzpunkte. So schmilzt z. B. das höchste Glied der Reihe, das Pentatriakontyl-(18)-stearat, $C_{53}H_{106}O_2$, bei 56—57°, dagegen hat Palmitinsäuremyricylester, $C_{48}H_{96}O_2$, trotz kleineren Molekulargewichts, den Schmelzpunkt 72°. Hochschmelzende Wachsester lassen sich demnach nur durch Vorestern primärer Fettalkohole herstellen.

Die aus den höher molekularen Alkoholen und seifenartigen Körpern zusammengesetzten Kompositionen haben, wie SCHRAUTH weiter berichtet, ein großes Aufnahmevermögen für Kohlenwasserstoffe, welche sie ebenfalls in den Emulsionszustand überführen.

Im Gemisch mit festen und flüssigen Fettsäuren liefern die höhermolekularen Fettalkohole Produkte, die zur Erhöhung der Spinnfähigkeit von Wolle verwendet werden[1].

Die sauren Ester der Fettalkohole mit mehrbasischen Säuren werden als Emulgatoren verwendet[2]. Die Fettalkohole finden ferner Verwendung in der Kautschukindustrie als Weichmacher, Beschleuniger und Alterungsschutz[3].

Die Alkalisalze der Schwefelsäureester dieser Alkohole, der Formel RCH_2OSO_3Na, besitzen großes Netzvermögen und spielen schon heute eine Rolle bei der Avivage von Kunstseide, Baumwolle u. dgl. Die Wirkung erklärt sich durch die mit der Einführung des Schwefelsäureesters eintretende Verstärkung des hydrophilen Charakters der Fettalkohole, so daß sie in wässerigem Medium die Eigenschaften von hydratisierten Kolloiden annehmen. Die capillaraktive Wirkung dieser Lösungen ist um ein Vielfaches größer als die der Seifen und sogar die der Türkischrotöle. Diese Schwefelsäureestersalze sind sehr kalk- und magnesiabeständig, was ihren Wert für die Textilindustrie noch stark erhöht.

Ähnlich wie die Schwefelsäureester verhalten sich die aus diesen durch Umsetzung mit Alkalisulfit nach der Reaktion

$$RCH_2OSO_3Na + Na_2SO_3 = RCH_2SO_3Na + Na_2SO_4$$

darstellbaren sulfonsauren Salze, die in ihren Eigenschaften den hoch sulfonierten Türkischrotölen gleichen.

---

[1] Deutsche Hydrierwerke A.-G. DRP. 539265.
[2] DRP. 512979, 525379.   [3] Franz. P. 689541, 708501.

Von den Estersalzen unterscheiden sich die Sulfonate bei ihrer Anwendung als Waschmittel usw. durch die Beständigkeit gegen Hydrolyse; sie sind daher auch in sauren Bädern, z. B. der Carbonisation, verwendbar. Ein auf dieser Basis hergestelltes Textilpräparat ist das Brillantavirol L 142.

Noch weitere zahlreiche Verwendungsmöglichkeiten der Fettalkohole werden von SCHRAUTH aufgezählt. So zeigt der aus technischem Stearin und Stearinalkohol erhältliche Ester weitgegende Ähnlichkeit mit Walrat; durch Verestern hochschmelzender Fettsäuren, wie sie etwa bei der Oxydation von Montanwachs erhalten werden mit Behen-, Ceryl- oder Myricylalkohol, erhält man hochschmelzende, an Carnaubawachs erinnernde Produkte.

Eigenschaften der höher molekularen Alkohole.

n-Octylalkohol, $CH_3(CH_2)_6CH_2OH$; Flüssigkeit; Schmelzpunkt $-15°$; Kochpunkt $194{,}5°$.

Nonanol, $CH_3(CH_2)_7CH_2OH$; Schmelzpunkt $-5°$; Kochpunkt $213{,}5°$.

n-Decylalkohol, $CH_3(CH_2)_8CH_2OH$; dickflüssiges Öl; Schmelzpunkt $+7°$.

Dodekanol (Dodecylalkohol), $CH_3(CH_2)_{10}CH_2OH$; Schmelzpunkt $22{,}6°$; Kochpunkt $255-259°$.

n-Tetradecylalkohol, $CH_3(CH_2)_{12}CH_2OH$; Schmelzpunkt $38°$.

Cetylalkohol, $CH_3(CH_2)_{14}CH_2OH$; Schmelzpunkt $48°$.

Octadecylalkohol (Stearinalkohol), $CH_3(CH_2)_{16}CH_2OH$; Schmelzpunkt $59°$.

Dokosylalkohol, $CH_3(CH_2)_{20}CH_2OH$; Schmelzpunkt $71-71{,}5°$.

Alle diese primären Alkohole, auch diejenigen mit ungerader Kohlenstoffatomzahl, sind durch Hydrierung der entsprechenden Fettsäuren und ihrer Ester jetzt leicht im großen herzustellen, während sie noch vor kurzem in der Technik so gut wie unbekannt waren.

Sollte es sich noch herausstellen, daß man Fette durch Katalyse ausschließlich an der Carboxylgruppe reduzieren und beispielsweise Ölsäure zum ungesättigten Oleinalkohol hydrieren kann, und sollte es noch gelingen, Glyceride der höher als Ölsäure ungesättigten Fettsäuren zum Glycerid der gewöhnlichen flüssigen Δ_9-Ölsäure zu reduzieren, so wären damit alle theoretischen und praktisch erstrebenswerten Möglichkeiten der Fetthydrierung verwirklicht.

Benutzte Zeitschriften.

Allg. Öl- u. Fettztg., Berlin.
Analyst, Cambridge.
Ann. der Chemie (Liebigs), Berlin.
Ann. de Chimie, Paris.
Ann. des Falsifications, Paris.
Arch. der Pharm. und Ber. Dtsch. Pharm. Ges., Berlin.

Ber. Dtsch. Chem. Ges., Berlin.
Biochem. Journ., London.
Biochem. Ztschr., Berlin.
Bull. Soc. Chim. Belgique, Brüssel.
Bull. Soc. Chim. France, Paris.

Chem. Trade Journ. Chem. Engineer., London.
Chem.-Ztg., Köthen.
Chem. Apparatur, Berlin.
Chem. Zentralblatt, Berlin.
Chem. Umschau a. d. Geb. d. Fette, Öle, Wachse u. Harze, Stuttgart.
Chemisch. Weekblad, Amsterdam.
Chemitschni Ukrainski Shurnal, Charkow.

Helv. chim. Acta, Basel und Genf.

Industrial and Engineering Chemistry, Washington.
Industrial Chemist and Chemical Manufacturer, London.

Jorn. Russ. Phys.-Chem. Ges., Moskau.
Journ. f. prakt. Ch., Leipzig.
Journ. metabol Research, Morristown.
Journ. Physical. Chem., New York.
Journ. Amer. Chem. Soc., Washington.

Journ. Indian Institute of Science, Bangalore.
Journ. Soc. Chem. Ind., Chimistry et Industry, London.
Journ. Soc. Chem. Ind., Japan, Suppl. Tokyo.

Kolloid-Ztschr., Dresden und Leipzig.
Koninkl. Akad. van Wetensch. Amsterdam, Wisk. en Natk. Afd.

Maslobojno-Shirowoje Delo, Moskau.
Mitt. K. Materialprüfungs-Amt Groß-Lichterfelde-West.
Monatshefte f. Chemie, Wien.

Oil and Fat Industries, New York.

Proc. Imperial Acad., Tokyo.
Proc. Royal Soc., London, Serie A u. B., London.
Przemysł Chemiczny, Warschau.

Rec. trav. chim. Pays-Bas., Haarlem.

Scientific Papers of the Institute of Physical and Chemical Research, Dublin.
Seifensieder-Ztg., Augsburg.
Shurnal Prikladnoj Chimji, Moskau.
Sitzungsber. K. Akad. Wiss. Wien.

Trans. Amer. Electr. Soc., New York.

Ztschr. f. angew. Ch., Berlin.
Ztschr. f. Elektrochem., Berlin.
Ztschr. f. physik. Ch.

Namenverzeichnis.

Sachverzeichnis.

**Berl-Lunge, Chemisch-technische Untersuchungs-
methoden.** Unter Mitwirkung von zahlreichen Fachgelehrten herausgegeben von Ing.-Chem. Dr. phil. **Ernst Berl,** Professor der Technischen
Chemie und Elektrochemie a. d. Techn. Hochschule zu Darmstadt. Achte,
vollständig umgearbeitete und vermehrte Auflage in fünf Bänden, die bis
1933 vollständig vorliegen. Das Werk gibt eine vollständige Übersicht
der in den Industriewerken und Untersuchungslaboratorien angewendeten
Untersuchungsmethoden für die wichtigsten, Industrie und Handel inter-
essierenden Stoffe. Es enthält ferner eine eingehende Darstellung der allgemeinen Laboratoriumsmethodik.

*Erster Band: Mit 583 in den Text gedruckten Abbildungen und 2 Ta-
feln. L, 1260 Seiten. 1931.   Gebunden RM 98.—

Zweiter Band, Erster Teil: Mit 215 in den Text gedruckten Abbildungen und 3 Tafeln. LX, 878 Seiten. 1932.   Gebunden RM 69.—

   Zweiter Teil: Mit 86 in den Text gedruckten Abbildungen. IV,
   917 Seiten. 1932.   Gebunden RM 69.—

   (Der Bezug des ersten Teiles verpflichtet auch zur Abnahme des zweiten Teiles.)

Chemie der Enzyme. Von Professor Dr. phil. Dr. med. h. c. **Hans
v. Euler,** Stockholm. In drei Teilen. Dritte, nach schwedischen Vor-
lesungen vollständig umgearbeitete Auflage.

*I. Teil: **Allgemeine Chemie der Enzyme.** Mit 50 Textfiguren und
1 Tafel. XI, 422 Seiten. 1925.   RM 25.50; gebunden RM 28.—

*II. Teil: **Spezielle Chemie der Enzyme.** 1. Abschnitt: Die hydro-
lysierenden Enzyme der Ester, Kohlenhydrate und Glukoside. Bearbeitet
von H. v. Euler, K. Josephson, K. Myrbäck und K. Sjöberg. Mit
65 Abbildungen im Text. X, 473 Seiten. 1928.   RM 39.60

*II. Teil: **Spezielle Chemie der Enzyme.** 2. Abschnitt: Die hydro-
lysierenden Enzyme der Nucleinsäuren, Amide, Peptide und Proteine. Bearbeitet von H. v. Euler und K. Myrbäck. Mit 47 Textfiguren. Autoren-
verzeichnis zum 1. und 2. Abschnitt. IX, 310 Seiten. 1927.   RM 24.—

***Untersuchungen über Enzyme.** Unter Mitwirkung zahlreicher
Mitarbeiter herausgegeben von Geh. Rat Dr. **Richard Willstätter,** Professor
in München. In zwei Bänden. Mit 183 Abbildungen. Erster Band:
XVI, 860 Seiten. 1928. Zweiter Band: XI, 915 Seiten. 1928.
                                        RM 124.—; gebunden RM 138.—

   (Beide Bände werden nur zusammen abgegeben.)

*** Katalyse vom Standpunkt der chemischen Kinetik.**
Von **Georg-Maria Schwab,** Privatdozent für Chemie an der Universität
München. Mit 39 Figuren. VIII, 249 Seiten. 1931.
                                        RM 18.60; gebunden RM 19.80

Die Maßanalyse. Von Dr. **I. M. Kolthoff,** o. Professor für analytische
Chemie an der Universität von Minnesota in Minneapolis, U. S. A. Unter
Mitwirkung von Dr.-Ing. H. Menzel, a. o. Professor an der Technischen
Hochschule Dresden.

* Erster Teil: **Die theoretischen Grundlagen der Maßanalyse.** Zweite Auflage. Mit 20 Abbildungen. XIII, 277 Seiten. 1930.
                                        RM 13.80; gebunden RM 15.—

Zweiter Teil: **Die Praxis der Maßanalyse.** Zweite Auflage.
Mit 21 Abbildungen. XI, 612 Seiten. 1931.   RM 28.—; gebunden RM 29.40

** Auf die vor dem 1. Juli 1931 erschienenen Bücher wird ein Notnachlaß von 10% gewährt.*